本书获

贵州平塘问天旅游发展有限责任公司

贵州地质工程勘察设计研究院有限公司

贵州出版集团有限公司

资助出版

中国天眼

101个为什么

（第二版）

主编　朱博勤

贵州出版集团
贵州科技出版社

图书在版编目（CIP）数据

中国天眼 101 个为什么 / 朱博勤主编. -- 2 版.

贵阳 : 贵州科技出版社, 2025. 5. -- ISBN 978-7-5532-

1636-2

　Ⅰ. TN16-49

中国国家版本馆 CIP 数据核字第 2025GC7332 号

中国天眼 101 个为什么（第二版）

ZHONGGUO TIANYAN 101 GE WEISHENME（DI ER BAN）

出版发行	贵州出版集团　贵州科技出版社
地　　址	贵阳市观山湖区会展东路 SOHO 区 A 座（邮政编码：550081）
出 版 人	王立红
责任编辑	杨林谕
装帧设计	刘宇昊
经　　销	全国各地新华书店
印　　刷	贵阳精彩数字印刷有限公司
版　　次	2025 年 5 月第 2 版
印　　次	2025 年 5 月第 1 次
字　　数	290 千字
印　　张	17.5
插　　图	4.5
开　　本	710 mm × 1000 mm　1/16
书　　号	ISBN 978-7-5532-1636-2
定　　价	78.00 元

《中国天眼 101 个为什么》（第二版）
编 委 会

主　　　编：朱博勤

副　主　编：钱　磊　潘之辰　严召进　贺华中

编委会（按姓氏笔画排序）：文鹏飞　龙　举　白文胜

江　飞　孙建民　严　松　李玉兰

宋小庆　陈　欢　罗应盛　曾祥波

谢　晶

编委会办公室：罗太近　李玉兰　龙　举

支 持 单 位：贵州平塘问天旅游发展有限责任公司

前 言

　　"天上的星星为什么会眨眼睛?""天到底有多高?""天外有天吗?"这些儿时仰望星空心生的诸多疑问、同伴间的得意解答,显现出人类对天文的最初好奇。年纪稍大一些,"宇宙是什么样的?""今天的太阳系是如何演化而来的?""如果没有月球,地球会怎样?""地球生命是如何产生的?"对天文和天文现象的追问就更为深入,更显露出人类对宇宙奥秘的探索欲望。

　　天文,一个充满神奇的科学领域。随着现代观测技术的日新月异和天文理论的不断完善,天文学为人类带来了无尽的惊奇与新的认知。人类正在进入对宇宙进行全新观测和认知的时代。

　　1609 年,伽利略·伽利雷(Galileo Galilei)首先将望远镜用于天文观测,人类从此告别了肉眼观天的时代。伽利略·伽利雷自制的这架折射式望远镜,口径 4.4 cm,物镜为凸透镜,目镜为凹透镜,焦距 120 cm,放大率 33 倍。2021 年 12 月 25 日,韦布空间望远镜(James Webb Space Telescope,JWST)成功发射。这台当今最强大的空间望远镜定位于日－地系统拉格朗日 L2 点,主镜直径 6.5 m，观测波段从 600 nm 至 28.8 μm，成为人类揭示更多宇宙秘密的"神器"。1931 年 1 月，卡尔·央斯基（Karl Jansky）使用自己安装的天线，在 14.6 m 的波长上接收到来自银河系中心稳定的射电辐射，人类第一次发现和捕捉到了来自宇宙的无线电波。射电天文学从此诞生了，这是天文学发展史上的又一次飞跃。2016 年 9 月 25 日，中国天眼 [500 米口径球面射电望远镜（Five-hundred-meter Aperture Spherical radio Telescope，FAST）] 落成启用。中国天眼反射面口径达到 500 m，采用主动变形技术，使得 70 MHz～3 GHz 频率的射电信号能够汇聚到焦点，其灵敏度得到数量级的提升。

当前，天文观测装置不仅在观测性能指标和能力方面实现了革命性的提升换代，而且开启了全电磁波段观测和综合天文研究。古老而神秘的天文学正在焕发着新的活力！

中国天眼作为中国射电天文的国之重器、国之利器，每年都有大量的研学团队和参访游客慕名而来。在接待和交流过程中，产生了与天文和中国天眼相关的大量疑问，《中国天眼 101 个为什么》就是从这些疑问中筛选、归类、提炼而来。全书从身边的天文现象、射电天文、中国天眼等多个方面进行探讨，采用图文结合的方式，希望带给您全新的视角和科学的启迪。愿您在阅读中收获知识，对宇宙的奥秘有更多的思考和探索。

让我们一同启航，探寻星辰大海中的无尽奥秘！

朱博勤

2024 年 3 月

目 录

第四篇　中国天眼能发现什么

第五篇 其他

第一篇　身边的天文现象

01 天文学是什么样的科学

　　天文学是研究宇宙以及其中天体的形成和演化规律的科学。这是一门古老的科学。天文学的起源已不可考证，但可以推测，在人类学会思考之后，就开始思考与天文相关的问题了，因为头顶的日月和星空让人无法忽视。在古代，天文学是重要且实用的科学。古代天文学家依靠肉眼观察星空，标记恒星和行星位置，记录日食、月食、彗星、客星等天象，并制定历法，指导生产生活。

　　1609 年，伽利略开始使用望远镜进行天文观测。从此，天文学翻开了新的篇章。借助望远镜，伽利略·伽利雷看到了木星的 4 颗卫星，看到了金星有月相一样的相位变化，从观测上有力地支持了日心说，加深了人类对宇宙的认识。

　　随着望远镜口径的增大，人类看到了很多肉眼看不到的恒星和其他天体，逐渐了解到我们所在的银河系是一个扁平的星系。随着天文观测技术的发展，人类能够精确测量恒星亮度和恒星光谱，在此基础上才逐渐认识到我们所在的银河系只是宇宙中无数星系中的一个，宇宙远比银河系广阔。

伽利略·伽利雷手稿中关于木星的卫星的记录

　　望远镜帮助我们认识到了宇宙的广袤。但长期以来，我们的观测都依靠可见光。20 世纪物理学和工程技术的发展使得我们可以探测其他频率的电磁波，包括无线电（射电）、红外线、紫外线、X 射线和伽马射线。当我们使用这些波段的电磁波观测宇宙时，就诞生了相应的射电天文学、红外天文学、紫外天文学、X 射线天文学和伽马射线天文学。

借助多个电磁波段的观测，我们发现了很多新的天体和天文现象，例如被称为 20 世纪 60 年代射电天文学四大发现的类星体、脉冲星、星际分子和宇宙微波背景辐射，发出 X 射线的 X 射线双星，以及伽马射线暴（gamma ray burst，GRB）和快速射电暴（fast radio burst，FRB）等爆发现象。也就是说，天体和天文现象有多种类型的电磁特性。在这些天文现象中，我们到现在还没有弄清楚快速射电暴的本质。

近年来，我们也探测到了来自宇宙深处天体的引力波和中微子，这使我们不仅可以借助长期以来使用的电磁波这种信使，还可以借助引力波和中微子这两种新的信使对宇宙进行观测。由此发展出引力波天文学和中微子天文学，天文学开始进入多信使观测的时代。我们对宇宙的认识会因为借助多个波段、多种信使观测得到的信息而变得更加深入、更加全面。

虽然如此，我们对宇宙的认识仍然是有限和不完整的。一方面，我们通过观测到的关于宇宙的信息总是有限的，所以我们对宇宙的认识总是有限的；另一方面，根据目前的认识，虽然宇宙在空间上是无限的，但宇宙的年龄是有限的。我们观测宇宙所依赖的电磁波、引力波和中微子的速度都是有限的，所以，我们所能观测到的宇宙区域是有限的，从这个意义上来说，我们对宇宙的认识也是不完整的。因此，我们对宇宙的探索是没有止境的，天文学仍将不断发展。

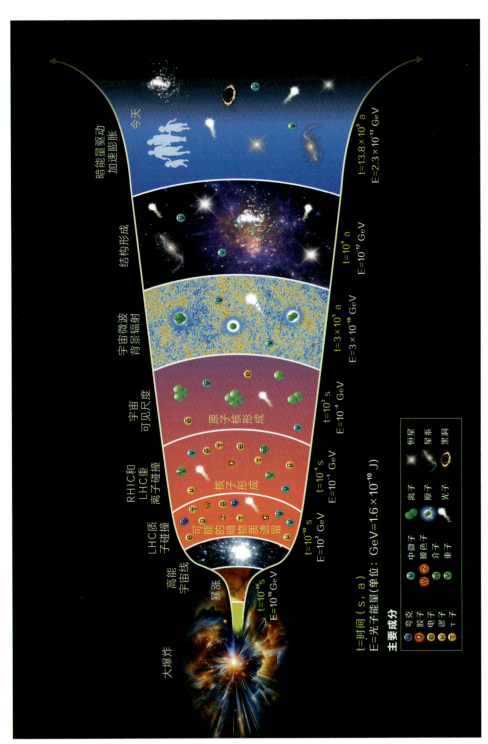

02 天文学在未来会有什么用处

从古代直到今天，天文学在授时导航中都起到了重要作用。随着其他学科的发展，天文学在这些方面的角色正在被取代。未来，天文学还会有什么用处呢？在考虑天文学未来的用途之前，我们先思考一个简单的问题。一个一生只在小村子里种地的人要关心的就是时令、水、肥、耕作、收获等，地理学对于他而言大致是没有太多用处的——他不需要知道世界上有些什么山，有哪些河流……他只需要知道村子周围的路怎么走，河怎么流……当然，如果有人告诉他世界上各个国家的地理知识，那也可以满足他的好奇心，为他构建一个想象的空间。随着时代的发展，世界各地之间的交流越来越多，人们有机会到世界各地去旅游，此时，世界地理就不再只是满足好奇心的"无用"知识了。

如今，人类只登陆过月球，人类的探测器也才刚刚到达了太阳系边缘。我们就像是住在"小村子"里的那些人，只不过"小村子"换成了地球，我们最远就到过"小村子"周边的月球。对于大部分人来说，火星上的重力是多少、有什么样的风暴，太阳系外有多少恒星，对他们的生活没有直接的影响……这些知识可以满足人们的好奇心，起到科学启蒙的作用。

科幻作家刘慈欣在《环球科学》上发表过一篇文章，描写了未来的星舰文明时代（当然，他也写过《流浪地球》。但相比之下，星舰是更为现实的，"流浪地球"可以理解为放大版的星舰）。所谓星舰文明，就是建造很多太空船（或者说太空小世界）在广袤的宇宙中航行。这些小世界是自持的，和外界关系不大，所以它们能在大部分星际空间中一直航行下去。最终，文明会遍及宇宙。刘慈欣的观点是，一个文明要么最终毁灭，要么遍及宇宙。只有将文明备份，才能抵御风险。

如果是这样，那么可以想到，那个时候天文学对人类的作用就正如当今地理学对人类的作用一样——要航行，至少应该有"地图"。如今，天文学家已经详细研究了太阳附近的一些恒星，这大多是依靠地球上的望远镜和地球附近的太空望远镜完成的。这些研究可以为星舰文明时代最初的航行提供粗略的航行图。随着星舰慢慢离开太阳系驶向远方，我们对宇宙会有更多的认识。不同的星舰交换信息可以为我们带来前所未有的知识，我们会第一次从不同的视角观测太阳系之外的恒星，我们也会实地测量系外行星的大气。相隔遥远的星舰之间如果有通讯联系，我们还可以进行甚长基线干涉测量（very long baseline interferometry，VLBI），这将为我们绘制更为精确的航行图提供帮助。天文学将成为星际航行的必要知识，星际航行也会让天文学有更大的发展。

甚长基线干涉测量：先将多个观测站接收到的来自射电源的信号记录下来，后期在计算机中将信号进行相关，从而实现干涉成图。

今天，一方面天文学逐渐变成"无用"的科学，只能在小学和中学教育中起到科学启蒙的作用；另一方面，天文学中的观测技术成为系外行星探测的基础。而在未来，天文学将是进行宇宙航行的基本知识，是人类文明得以延续的基石。

03 天文观测使用哪些电磁波段

　　电磁波根据频率可以分为射电、红外、可见光、紫外、X 射线、伽马射线等波段。地球大气对大部分电磁波都不透明，可见光和射电是大气透明的两个波段，被称为"大气窗口"。一般来说，在地面上只能使用可见光和射电波段进行观测。最近，人们也借助广延大气簇射在地面上观测极高能伽马射线。天文学自诞生以来，数千年间都依靠肉眼进行可见光观测。天文观测开始使用望远镜后的数百年间，可见光仍然是唯一可用的电磁波段。1931 年，卡尔·央斯基（Karl Jansky）偶然发现了来自银河系中心的射电辐射，天文观测从此不再局限于可见光波段。人们通常认为，这是射电天文学诞生的标志。

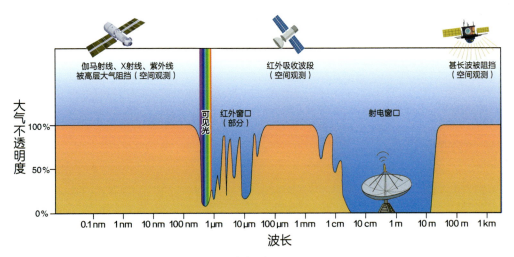

大气窗口

　　卡尔·央斯基的发现激励了格罗特·雷伯（Grote Reber），他独自建造了一台射电望远镜，在接下来近 20 年间进行了人类历史上第一次射电巡天，得到了第一幅射电天图。第二次世界大战后，在战争中发展的无线电技术被用于天文观测，射电天文学蓬勃发展起来，催生了 20 世纪 60 年代射电天文学的四大发现：类星体、脉冲星、宇宙微波背景辐射和星际分子。

除可见光和射电波段外，其他波段的天文观测一般不能在地面上进行。这些波段的观测最早使用气球和火箭携带探测器到高空才能进行。在 20 世纪下半叶航天技术发展起来后，天文学家开始建造红外线、紫外线、X 射线和伽马射线空间望远镜，这些波段的观测开始发展起来，产生了相应的红外天文学、紫外天文学、X 射线天文学和伽马射线天文学。这些新的波段的天文观测带来了新的发现，包括极亮红外星系、X 射线双星等。可以说，现在的天文观测已经进入了"全波段"时代，每个电磁波段都被用于天文观测。

为什么要在多个波段进行天文观测呢？举个生活中的例子，去医院看病的时候，医生不仅通过可见光观察我们，有时还要我们去拍 X 射线。因为 X 射线可以穿透我们的身体，看到身体内部的情况。天文观测也一样，虽然通过可见光可以看到太阳黑子，但红外观测可以看到太阳黑子的结构，而紫外观测和 X 射线观测可以看到太阳大气中的磁活动。在不同波段看到的同一个星系也不一样，因为不同波段看到了星系中不同的结构。此外，有的天体和天文现象目前只能在特定波段观测到。例如，伽马射线暴在很长一段时间内只能探测到伽马射线爆发，直到最近才第一次探测到了对应的光学爆发，而快速射电暴到目前为止才看到其他波段的疑似对应体。

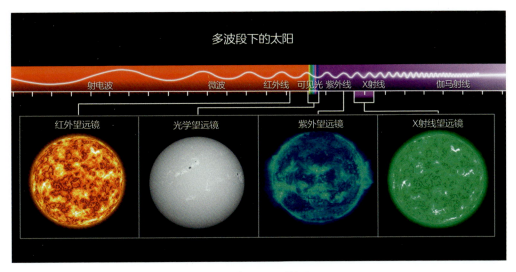

在不同波段观测的太阳

　　地球大气是进行多波段天文观测的主要障碍，未来随着越来越多人类走向太空，并且在太空中走得越来越远，我们可以把覆盖整个电磁波谱的望远镜放到空间站上去，放到月球上去，或者放到其他大气稀薄的天体上去。协同进行的全波段观测可以帮助我们更全面、更深刻地了解宇宙中的天体和天文现象。

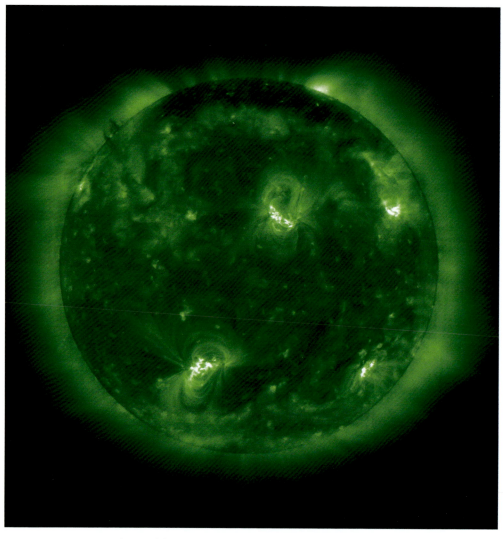

太阳极端紫外（195 Å，1997 年 9 月 11 日）

Å：埃，长度单位，1 Å=10^{-10} m=0.1 nm。

04　宇宙是什么样的

"四方上下曰宇，往古来今曰宙"，宇宙就是整个时空。按照今天的理解，我们的宇宙在空间上是无限的，但年龄是有限的。宇宙自诞生以来经历了大约137亿年。按照通常的认识，宇宙似乎应该是"无边无际，无始无终"的，所以宇宙年龄有限的结论初看起来是违反直觉的。但实际上，支持这个结论的观测事实我们早就已经观察到了。

我们知道，太阳落山以后天会黑——这是一个我们熟知到总会忽略的事实，但这是一个非常不平凡的事实。德国天文学家海因里希·奥伯斯（Heinrich Olbers）指出了这一点。我们通常直觉地认为宇宙是均匀的、静态的、无边无际的、无始无终的，但如果真的如此，我们就不会看到夜空是黑的。因为无论宇宙中发光天体的数密度多么小，只要不为0，对无穷大的空间积分，在任意一点得到的亮度都是无穷大的。但事实是，我们看到的夜空是黑的。这就是"奥伯斯佯谬"。

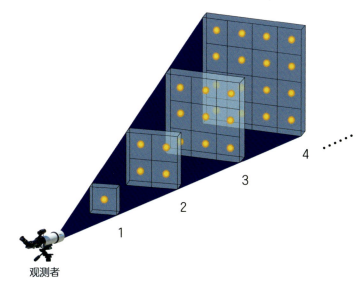

奥伯斯佯谬示意图

所以，"均匀""静态""无边无际""无始无终"中肯定有一些假设有问题。在奥伯斯佯谬提出的年代，天文学家威廉·赫歇尔（Wilhelm Herschel）已经借助望远镜观测得出了银河系的结构。直到20世纪初，人们都认为，这就是整个宇宙。如果宇宙的范围这么小，那宇宙就不是"无边无际"的，也就没有"奥伯斯佯谬"。

20世纪20年代，爱德温·哈勃（Edwin Hubble）发现了银河系外和银河系类似的星系，也就是说，宇宙远比我们原先认识的广阔。所以，宇宙很有可能是"无边无际"的。爱德温·哈勃同时还发现，银河系外的这些星系在系统性地离我们远去，宇宙看起来是在膨胀的。所以宇宙不是静态的！如果宇宙一直这样膨胀，一个直接推论就是宇宙不是"无始无终"的，宇宙的年龄是有限的。天文学家基于这个观测事实和其他一些观测事实建立了标准宇宙学模型。在这个模型中，宇宙是均匀的、无边无际的，但宇宙不是静态的，也不是无始无终的。宇宙有一个有限的年龄，大约为138亿年。

这样一来，"奥伯斯佯谬"的基础就不成立了。考虑到宇宙年龄有限、光速有限，那么我们所能观测的宇宙就是有限的。换句话说，发出的光能在137亿年内到达我们的那部分宇宙的大小是有限的，所以我们能接收到的光是有限的。这就是为什么我们看到夜空是黑的。

按照标准宇宙学模型，宇宙从时空奇点起源，经历暴涨阶段，开始正常膨胀，温度降低，在此过程中形成了氢、氦等最简单的元素。随后，这些原初核合成中产生的物质形成了第一代恒星和星系，而更重的元素则是在这些恒星的形成和死亡过程中产生的。此后，经历了很多代恒星的形成和死亡，宇宙中产生了我们今天看到的各种天体。

今天我们对宇宙的认知已经解决了"奥伯斯佯谬"，但宇宙总是给我们惊喜。观测发现，宇宙不仅是膨胀的，而且是加速膨胀的，这挑战了我们对通常物质所产生的引力的认知。目前我们还没有完全理解这个观测现象，只是唯象地提出，宇宙中有一种叫作"暗能量"的成分，可以使宇宙加速膨胀。

关于宇宙的过去和未来，仍然有很多问题等待我们回答。

05 宇宙中有哪些类型的天体

　　早期的人类在仰望星空的时候，不用很长时间就能发现斗转星移。夜空中的星星虽然在转动，但大部分星星之间的位置关系是不变的。古人也注意到，夜空中的繁星中有几颗不同寻常，它们的位置相对于众星背景会发生变化，这几颗星就是我们所熟知的五大行星——金星、木星、水星、火星和土星。五大行星加上太阳和月亮被称为七曜，"七"这个数字因此成了一个重要的数字。这7个天体也引起了世界其他地区人们的注意，在一些语言中，一个星期的7天还在用这7个天体的名称来称呼。

　　夜空静谧，除了几颗行星和月亮的运动，通常看不到什么变化。所以，人们对偶尔出现的彗星、"客星"非常敏感。大部分彗星是太阳系中的小天体，是由冰和尘埃组成的"脏雪球"。彗星轨道通常是偏心率很大的椭圆，它们大多时候远离太阳，难以被人看到。当彗星接近太阳的时候，太阳辐射和太阳风会使彗星产生明亮的彗发和彗尾，使得彗星可以被我们看到。"客星"是天空中突然出现的明亮的"星"，现在我们知道，"客星"通常是超新星或新星。超新星爆发是大质量恒星死亡时的爆发，新星爆发是白矮星吸积气体后在表面产生失控的核反应所产生的爆发现象。

　　当望远镜被用于天文观测后，天文学家发现了木星的卫星，发现了大量小行星组成的小行星带，发现了天王星、海王星和冥王星。按照现在的标准，太阳系有8颗行星，而小行星带中的谷神星、冥王星以及冥王星外新发现的几个天体都被归类为矮行星。望远镜也帮助我们认识到恒星会抱团形成星团，我们所居住的银河系是一个盘状星系。

　　照相技术和光谱学的发展让我们认识到了不同类型的恒星。关于恒星的研究极大地拓展了我们的认识。依靠对造父变星的观测，我们认识到一些"星云"实际上是银河系外与银河系一样的星系。银河系这样的星系中有上千亿颗恒星。恒星是在星际介质的分子云中形成的，新形成的恒星照亮周围的星际介

质，形成了新生恒星周围的星云。不同恒星死亡之后会产生不同的天体：0.4倍太阳质量到8倍太阳质量的恒星死亡后会形成行星状星云和白矮星；8倍太阳质量到25倍太阳质量的恒星死亡后会形成超新星遗迹和中子星；25倍太阳质量以上的恒星死亡后会形成超新星遗迹和黑洞。有的超新星遗迹也被称为星云，例如蟹状星云。质量小于0.4倍太阳质量的恒星寿命非常长，在宇宙年龄之内不会死亡。质量小于0.08倍太阳质量的星体不是恒星，被称为褐矮星。

星系的中心通常含有超大质量黑洞，其质量通常超过百万倍太阳质量，最高可达10亿倍太阳质量。在有些星系中，中心的超大质量黑洞会吸积气体，形成活动星系核，这样的星系称为活动星系。和恒星一样，星系也会抱团形成星系团。

超新星遗迹——蟹状星云

M31（仙女星系）

06 宇宙中天体的运动速度会不会超过光速

根据阿尔伯特·爱因斯坦（Albert Einstein）的狭义相对论和广义相对论，光速是一个速度上限，物体的运动速度不能超过光速。但是需要注意的是，这里说的运动速度指的是局域测量的速度。如果只是记录一个物体的空间位置和对应的时刻，用位置差除以时间差定义速度，这样的速度称为视速度或表观速度，这样得到的"速度"是有可能超过光速的。

在对活动星系核喷流的观测中发现了视超光速现象。观测发现，活动星系核喷流中某些团块的表观速度超过了光速。这种表观速度就是根据不同时刻观测到的团块位置计算的。这种现象是喷流物质速度接近光速时出现的，其本质原因是没有严格定义"同时性"。举个例子，如果喷流距离我们300光年，喷流以0.9倍光速运动，那么当团块在初始位置发出的光到达我们时，团块距离我们只有30光年了。也就是说，30年后我们就会接收到团块在距离初始位置270光年处发出的光。这么直接一算，团块的表观速度就是9倍光速。当然，实际上还需要考虑投影的问题，但原则上，只要团块速度足够接近光速，表观速度可以远超过光速。这种视超光速现象来源于不同的速度定义，并不违反相对论。

还有一种情况和宇宙膨胀有关。我们通常把宇宙膨胀比喻为吹气球。假设气球上有两只蚂蚁，

光年：天体距离的一种长度单位。1光年等于光在真空中1年内行进的距离，约等于 10^{13} km，即 100 000 亿 km。

宇宙膨胀就像吹气球

它们以正常的速度在气球上爬行。显然，在局部测量，蚂蚁的速度不会超过光速。但是，随着气球膨胀，两只蚂蚁之间的距离会增大。用蚂蚁之间距离的变化除以时间可以得到一个表观速度。如果气球很大或者膨胀得很快，那么这个表观速度可以变得非常大。宇宙就像这个膨胀的气球，宇宙中的星系就像气球上的蚂蚁。星系本身的局域运动速度不会超过光速，但是因为宇宙本身的膨胀，星系之间的表观速度可以非常快，只要宇宙本身的膨胀速率足够大，或者星系之间的距离足够大。

　　宇宙膨胀是时空背景的变化，宇宙中的天体随着时空运动。天体相对时空背景的运动，也就是局域测量的运动速度不能超过光速，这是相对论所要求的。然而，相对论对于时空本身的变化并没有这个限制。目前的标准宇宙学模型是在广义相对论的框架下建立起来的。根据这个模型，宇宙早期经历了一个暴涨时期，在极短的时间里膨胀了几十个数量级，这样的膨胀对应的表观速度是远远超过光速的。对于今天的宇宙来说，因为膨胀是均匀的，所以相距越远的天体，它们之间因为宇宙膨胀产生的表观速度也就越大，这个表观速度可以超过光速。但正如前面所说，标准宇宙学模型是建立在广义相对论基础上的，这种表观超光速现象并不违反相对论对局域速度不能超过光速的限制。

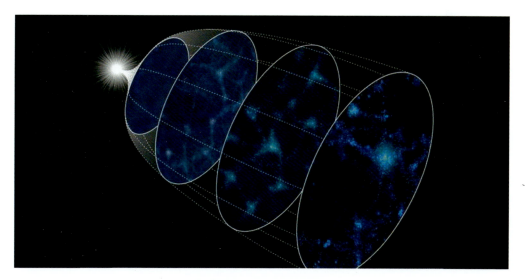

宇宙膨胀和大尺度结构

07 星系有哪些类型

星系是恒星和星际介质的集合体。现在天文学家认为，大多数星系中心都有超大质量黑洞，有的星系中心甚至有超大质量双黑洞。有的星系中心的黑洞正在吸积气体，发出强烈的辐射，产生物质喷流，这样的星系就是活动星系。

通常来说，星系的分类指的是按星系形态进行的分类。

星系按照形态可以分为椭圆星系、旋涡（棒旋）星系和不规则星系。不规则星系多半是由星系并合形成的，并合过程还没结束或并合后的系统还没有达到平衡态。按照常用的哈勃分类法，椭圆星系和旋涡星系组成了一个音叉形状的序列。椭圆星系占据了音叉的柄，旋涡星系占据了音叉的两个分支。其中一个分支是普通的旋涡星系，另一个分支是中心有棒状结构的棒旋星系。位于音叉柄和分支交叉点处的是透镜星系。最早爱德温·哈勃按形态对星系做出这种分类的时候，推测从椭圆星系到旋涡星系是一个演化序列。他推测，椭圆星系会变扁，成为透镜星系，然后再产生出旋臂，变为旋涡星系或棒旋星系。这也是椭圆星系被称为"早型星系"、旋涡星系被称为"晚型星系"的原因。这种"早型"和"晚型"的形态特征被称为"阶段"（stage）。

现在我们知道，椭圆星系和旋涡星系之间没有演化关系。但星系的哈勃分类法沿用了下来。在哈勃分类法中，椭圆星系又细分为从 E0 到 E7 的 8 类。E 是 Elliptical 的首字母，E 后面的数字 $n=10\times(1-b/a)$，其中 b/a 是椭率，也就是半短轴和半长轴的比值。为什么没有类型为 E8 的椭圆星系？因为太扁了就变成透镜星系了，这样的星系也就是透镜星系，或者称为 S0 星系。现在并不清楚 S0 星系和椭圆星系以及旋涡星系的关系，它们似乎是自成一类的。椭圆星系和透镜星系看起来都有旋转对称性，看不出明显的细节结构。

漩涡星系和棒旋星系的形态要丰富得多。漩涡星系和棒旋星系通常记作 SA 和 SB，现在又在这两个分支之间加了一个分支，记作 SAB。这种按照有无棒状结构来区分的形态特征称为"族群"（family）。所以，现在的哈勃音叉图可以有 3 个分支——旋涡星系（SA）、棒旋星系（SB）以及 SAB 星系，按照旋臂缠绕从紧到松又分为 a、b、c 三类，现在又增加了 d 和 m 两类。其中 d 的旋臂结构已经难以辨认，而 m 的形态已经接近不规则星系了。在这些类别之间又增加了中间态，例如，介于 a、b 之间的棒旋星系就记作 SBab。

实际上星系还有一种重要的形态特征，就是环态（按照是否含有内环来区分的形态特征，英文称为 variety）。这种特征在原始的哈勃星系分类法中没有的。具有完整闭合的内环的旋涡星系记作"（r）"；旋臂在中心区域断开，形成连续的缠绕的开放结构的旋涡星系记作"（s）"；中间态记作"（rs）"。（rs）表示内环由紧密缠绕的不完全闭合的旋臂包围，（rs）表示非常开放、难以辨认的内部拟环（pseudoring）。例如，有明显内环的 b 型棒旋星系就记作 SB（r）b。

此外，如果星系有外环，用放在最前面的"（R）"表示；如果有外部拟环，用"（R'）"表示；如果有两个外环，用"（RR）"表示。例如，有一个明显外环的 b 型棒旋星系就记作（R）SBb。还有一些更细节的形态特征和相应的标记，这里就不再详细讲述了。

除了现在通用的哈勃分类法，历史上还有 Morgan 分类法，目前，这个分类法中只留下了一种类型的星系的记号还在使用，就是所谓的 cD 星系。在这个分类系统中，D 型星系表示中心有一个椭球状内区，外面有一个延展的包层，cD 星系就是延展包层特别大的 D 型星系。这种星系未包含在哈勃分类法中。

08 为什么宇宙中的最低温度是 −273.15 ℃

简单来说，温度是度量物体冷热程度的物理量。但从本质上来说，温度度量的是组成物体的微观粒子热运动的剧烈程度。从对温度认识的发展来看，人类一开始并没有认识到其本质，遵循的是所谓"热质说"。那时，人们认为温度高的物体含有较多的"热质"，温度高的物体向温度低的物体传递"热质"。

温度用温标度量。日常生活中使用的温标有摄氏温标和华氏温标。这两种温标都是根据宏观现象来标定的。摄氏温标是瑞典人安德斯·摄尔修斯（Anders Celsius）提出的，规定标准大气压下冰水混合物的温度为 0 ℃，水的沸点为 100 ℃，中间等分为 100 份。华氏温标是德国人加布里埃尔·华伦海特（Gabriel Fahrenheit）提出的，规定一定浓度的盐水结冰时的温度为 0 ℉，人体体温为 100 ℉，中间等分为 100 份。可以看出，这两种温标主要是为了实用而提出的，尤其是华氏温标，更符合人类对冷热的感知。

随着热力学的发展，物理学家开尔文男爵威廉·汤姆森基于热机效率的卡诺定理引入了热力学温标。这个温标的零点就是绝对零度 0 K。为了能实际使用，规定水

温标：温度的标准尺度。

标准大气压：标准大气条件下海平面的大气压，1013.25 hPa。

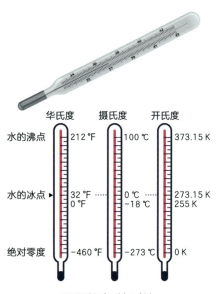

不同温标的对比

的三相点的热力学温度为 273.16 K，于是 1 K 就定义为水的三相点的热力学温度的 1/273.16。由于水的三相点的摄氏温度是 0.01 ℃，所以绝对零度在摄氏温标里等于 –273.15 ℃，并且热力学温标的单位刻度差和摄氏温标相等，1 K=1 ℃。

1 K=1 ℃。注意，不是指 1 K 的温度和 1 ℃ 的温度一样高。

　　按照卡诺定理，一方面，当冷源温度为绝对零度时，对应的卡诺热机的效率为 100%。另一方面，分子的热运动能量正比于热力学温度。从这两点可以看出，绝对零度是温度的下限，而且，按照热力学第三定律，绝对零度是不可能达到的下限。既然绝对零度是物理极限，那么，宇宙中的温度也不可能比绝对零度低。

　　我们生活在地球上，地球上自然环境中能达到的最低温度就是南极的，大约 –90 ℃，按照热力学温标，这个温度为 183.15 K。而在宇宙中，温度更低的地方比比皆是。在月球上，没有阳光照射的时候，温度可以低至 –183 ℃，也就是 90.15 K。在星际介质中，分子云的典型温度是 10 K。在一些特殊情况下，如果星际介质云膨胀，温度可以下降到 1 K。目前看来，宇宙中最低的温度还是在人类实验室里得到的，已经低至三十八万亿分之一开（1/38 000 000 000 000 K）。

　　宇宙中的温度有绝对零度这个达不到的下限，那么温度有没有上限呢？在经典物理中，按照卡诺定理，热源温度的上限为无穷大，即没有上限。按照分子热运动的平均动能正比于热力学温度，温度也没有上限。但实际中，能量总是有限的。宇宙中有很多温度很高的地方，恒星中心的温度高达数千万开尔文。

超新星爆发时最高温度可达数千亿开尔文。宇宙诞生时的温度可达 10^{32} K，这应该可以看作宇宙中温度的上限了。

星际空间中已知最冷的地方——领结星云（或回旋镖星云，Boomerang Nebula）

09　星云是云吗

宇宙中有很多天体被称为星云或者曾经被称为星云。按照现在的认识，星云通常指的是恒星周围的星际介质云，尤其是年轻恒星周围的星际介质云。这些星际介质云反射恒星的光，或者被恒星的辐射激发而发光。现在也有一些暗的星际介质云被称为"暗星云"。可以说，星云是一个没有明确范畴的概念。

在过去的很长一段时间里，人类在夜空中看到的大部分天体都是恒星。恒星是清晰的点源。人类在观测银河系的时候肯定也注意到了银河系有一些暗的区域，这里的恒星明显较少。视力特别好的人也能看到一些模糊的像云一样的天体，人们把这些天体叫作星云。

在望远镜分辨率不高的情况下，星云和星团看起来都是有些模糊的，它们容易被误认为是彗星。这些天体影响了彗星的发现。为了更好地分辨这些容易和彗星混淆的天体，18世纪的天文学家查尔斯·梅西耶（Charles Messier）编撰了一个包含了这些会和彗星混淆的天体的星表（表1）。这个星表就是著名的梅西耶星表。查尔斯·梅西叶认为这个星表中的天体应该都是星团和星云，所以把这个星表称为"星团星云星表"。

表 1　梅西叶星表

编号	NGC	赤经（2000）	赤纬（2000）	视大小 /′	视星等	星座	类型或名称	距地球距离 / 光年
M 1	1952	05 34.5	+22 01	6×4	8.4	金牛座	蟹状星云	7200
M 2	7089	21 33.5	−00 49	13	6.5	宝瓶座	球状星团	36 900
M 3	5272	13 42.5	+28 23	16	6.4	猎犬座	球状星团	32 200
M 4	6121	16 23.6	−26 32	26	5.9	天蝎座	球状星团	7100
M 5	5904	15 18.6	+02 05	17	5.6	巨蛇座	球状星团	25 000
M 6	6405	17 40.1	−32 13	25	5.3	天蝎座	疏散星团	1900
M 7	6475	17 53.9	−34 49	80	4.1	天蝎座	疏散星团	800

续表

编号	NGC	赤经 （2000）	赤纬 （2000）	视大小/ ′	视星等	星座	类型或 名称	距地球距 离/光年
M 8	6523	18 03.8	−24 23	90×40	6.0	人马座	礁湖星云	3900
M 9	6333	17 19.2	−18 31	9	7.7	蛇夫座	球状星团	26 000
M 10	6254	16 57.1	−04 06	15	6.6	蛇夫座	球状星团	14 700
M 11	6705	18 51.1	−06 16	14	6.3	盾牌座	疏散星团	5540
M 12	6218	16 47.2	−01 57	15	6.7	蛇夫座	球状星团	18 200
M 13	6205	16 41.7	+36 28	17	5.8	武仙座	球状星团	23 500
M 14	6402	17 37.6	−03 15	12	7.6	蛇夫座	球状星团	35 100
M 15	7078	21 30.0	+12 10	12	6.2	飞马座	球状星团	31 100
M 16	6611	18 18.8	−13 47	7	6.4	巨蛇座	老鹰星云	5490
M 17	6618	18 20.8	−16 11	11	7.0	人马座	ω 星云	4200
M 18	6613	18 19.9	−17 08	9	7.5	人马座	疏散星团	6300
M 19	6273	17 02.6	−26 16	14	6.8	蛇夫座	球状星团	22 000
M 20	6514	18 02.3	−23 02	28	9.0	人马座	三叶星云	5600
M 21	6531	18 04.6	−22 30	13	6.5	人马座	疏散星团	4350
M 22	6656	18 36.4	−23 54	24	5.1	人马座	球状星团	10 300
M 23	6494	17 56.8	−19 01	27	6.9	人马座	疏散星团	4500
M 24	6603	18 18.4	−18 25	90	4.6	人马座	疏散星团	16 000
M 25	4725	18 31.6	−19 15	40	6.5	人马座	疏散星团	2000
M 26	6694	18 45.2	−09 24	15	8.0	盾牌座	疏散星团	4900
M 27	6853	19 59.6	+22 43	8×6	7.4	狐狸座	哑铃星云	820
M 28	6626	18 24.5	−24 52	11	6.8	人马座	球状星团	15 000
M 29	6913	20 23.9	+38 32	7	7.1	天鹅座	疏散星团	3000
M 30	7099	21 40.4	−23 11	11	7.2	摩羯座	球状星团	41 000
M 31	224	00 42.7	+41 16	178×63′	3.4	仙女座	仙女座星系	2 300 000
M 32	221	00 42.7	+40 52	8×6	8.1	仙女座	椭圆星系	2 300 000
M 33	598	01 33.9	+30 39	73×45	5.7	三角座	旋涡星系	2 500 000

续表

编号	NGC	赤经（2000）	赤纬（2000）	视大小/′	视星等	星座	类型或名称	距地球距离/光年
M 34	1039	02 42.0	+42 47	35	5.5	英仙座	疏散星团	1390
M 35	2168	06 08.9	+24 20	28	5.3	双子座	疏散星团	2600
M 36	1960	05 36.1	+34 08′	12	6.3	御夫座	疏散星团	4110
M 37	2099	05 52.4	−32 33	24	6.2	御夫座	疏散星团	4170
M 38	1912	05 28.7	+35 50	21	7.4	御夫座	疏散星团	4610
M 39	7092	21 32.2	+48 26	32	5.2	天鹅座	疏散星团	864
M 40	–	12 22.4	+58 05	/	8.4	大熊座	光学双星	/
M 41	2287	06 47.0	−20 44	38	4.6	大犬座	疏散星团	2500
M 42	1976	05 35.4	−05 27′	85×60	4.0	猎户座	猎户座大星云	1500
M 43	1982	05 35.6	−05 16	20×15	9.0	猎户座	弥漫星云	1500
M 44	2632	08 40.1	+19 59	95	3.7	巨蟹座	鬼星团	520
M 45	–	03 47.0	+24 07	110	1.6	金牛座	昴星团	410
M 46	2437	07 41.8	−14 49	27	6.0	船尾座	疏散星团	6000
M 47	2422	07 36.6	−14 30	30	5.2	船尾座	疏散星团	1800
M 48	2548	08 13.8	−05 48	54	5.5	长蛇座	疏散星团	1500
M 49	4472	12 29.8	+08 00	9×7	8.4	室女座	椭圆星系	5900
M 50	2323	07 03.2	+08 20	16	6.3	麒麟座	疏散星团	2600
M 51	5194	13 29.9	+47 12	11×7	8.4	猎犬座	旋涡星系	2100
M 52	7654	23 24.2	+61 35′	13	7.3	仙后座	疏散星团	3800
M 53	5024	13 12.9	+18 10	13	7.6	后发座	球状星团	56 400
M 54	6715	18 55.1	−30 29	9	7.6	人马座	球状星团	49 000
M 55	6809	19 40.0	−30 58	19	6.3	人马座	球状星团	19 000
M 56	6779	19 16.6	+30 11	7	8.3	天琴座	球状星团	33 000
M 57	6720	18 53.6	+33 02	1.4×1.0	8.8	天琴座	环状星云	2300
M 58	4579	12 37.7	+11 49	5×4	9.7	室女座	旋涡星系	41 000 000
M 59	4621	12 42.0	+11 39	5×3	9.6	室女座	椭圆星系	41 000 000

续表

编号	NGC	赤经（2000）	赤纬（2000）	视大小/′	视星等	星座	类型或名称	距地球距离/光年
M 60	4649	12 43.7	+11 33	7×6	8.8	室女座	椭圆星系	59 000 000
M 61	4303	12 21.9	+4 28	6×6	9.7	室女座	旋涡星系	41 000 000
M 62	6266	17 01.2	+30 07	14	6.5	蛇夫座	球状星团	20 600
M 63	5055	13 15.8	+43 33	10×6	8.6	猎犬座	旋涡星系	24 000 000
M 64	4826	12 56.7	+21 41	9×5	8.5	后发座	睡美人（黑眼）星系	15 000 000
M 65	3623	11 18.9	+13 06	8×2	9.3	狮子座	旋涡星系	27 000 000
M 66	3627	11 20.2	+12 59	8×2.5	8.9	狮子座	旋涡星系	27 000 000
M 67	2682	08 51.3	+11 48	17	6.1	巨蟹座	疏散星团	2710
M 68	4590	12 39.5	−26 45	10	7.8	长蛇座	球状星团	31 400
M 69	6637	18 31.4	−32 21	3	7.6	人马座	球状星团	24 000
M 70	6681	18 43.2	−32 17	3	7.9	人马座	球状星团	65 000
M 71	6838	19 53.8	+18 47	7.2	8.2	天箭座	球状星团	13 300
M 72	6981	20 53.5	−12 32	6.6	9.3	宝瓶座	球状星团	59 000
M 73	6994	20 59.8	−12 38	2.8	9.0	宝瓶座	疏散星团	/
M 74	628	01 36.7	+15 47	10.2×9.5	9.4	双鱼座	旋涡星系	37 000 000
M 75	6864	20 06.1	−21 55	6.8	8.5	人马座	球状星团	78 000
M 76	651	01 42.4	+53 34	2.6×1.5	10.1	英仙座	行星状星云	8000
M 77	1068	02 42.7	−00 01	7×6	8.9	鲸鱼座	塞佛特（棒旋）星系	47 000 000
M 78	2068	05 46.7	+00 04	8×6	8.3	猎户座	反射星团	1600
M 79	1904	05 24.2	+24 31	4	7.7	天兔座	球状星团	43 000
M 80	6093	16 17.1	+22 59	4	7.3	天蝎座	球状星团	37 000
M 81	3031	09 55.8	+60 04	26×14	6.9	大熊座	旋涡星云	14 000 000
M 82	3034	09 56.2	+69 24	11×5	8.4	大熊座	不规则星系	14 000 000
M 83	5236	13 37.7	−29 32	11×10	7.6	长蛇座	棒旋星系	16 000 000

续表

编号	NGC	赤经 （2000）	赤纬 （2000）	视大小/′	视星等	星座	类型或 名称	距地球距 离 / 光年
M 84	4374	12 25.1	+12 53	5×5	9.1	室女座	椭圆星系	41 000 000
M 85	4382	12 25.4	+18 11	7×4	9.1	后发座	椭圆星系	41 000 000
M 86	4406	12 26.2	+12 57	8×7	8.9	室女座	椭圆星系	20 000 000
M 87	4486	12 30.8	+12 23	7×7	8.6	室女座	椭圆星系	59 000 000
M 88	4501	12 32.0	+14 25	8×4	9.6	后发座	旋涡星系	41 000 000
M 89	4552	12 35.7	+12 33	2×2	9.8	室女座	椭圆星系	41 000 000
M 90	4569	12 36.8	+13 10	8×2	9.5	室女座	旋涡星系	41 000 000
M 91	4584	12 35.4	+14 30	3×2	10.2	后发座	棒旋星系	41 000 000
M 92	6341	17 17.1	+43 08	12	6.4	武仙座	球状星团	25 500
M 93	2447	07 44.6	−23 53	25	6.0	船尾座	疏散星团	3600
M 94	4736	12 50.9	+41 07	11×9	8.2	猎犬座	旋涡星系	16 000 000
M 95	3351	10 44.0	+11 42	6×6	9.7	狮子座	棒旋星系	29 000 000
M 96	3368	10 46.8	+11 49	7×4	9.2	狮子座	旋涡星系	29 000 000
M 97	3587	11 14.9	+55 01	3.4×3.3	9.9	大熊座	夜枭星云	1800
M 98	4192	12 13.8	+14 54	10×3	10.1	后发座	旋涡星系	36 000 000
M 99	4254	12 18.8	+14 25	5×5	9.9	后发座	旋涡星系	41 000 000
M 100	4321	12 22.9	+15 49	7×6	9.3	后发座	旋涡星系	41 000 000
M 101	5457	14 03.2	+54 21	27×26	7.9	大熊座	旋涡星系	19 000 000
M 102	5866	15 06.5	+55 46	5×2	10.0	天龙座	旋涡星系	/
M 103	581	01 33.1	+60 42	7	7.4	仙后座	疏散星团	7990
M 104	4594	12 40.0	−11 37	9×4	8.0	室女座	旋涡星系	46 000 000
M 105	3379	10 47.9	+12 35	2×2	9.3	狮子座	椭圆星系	30 000 000
M 106	4258	12 19.0	+47 18	18×8	8.4	猎犬座	旋涡星系	21 000 000
M 107	6171	16 32.5	−13 03	3	7.9	蛇夫座	球状星团	19 800
M 108	3556	11 11.6	+55 40	8×2	10.0	大熊座	旋涡星系	23 000 000

续表

编号	NGC	赤经（2000）	赤纬（2000）	视大小/′	视星等	星座	类型或名称	距地球距离/光年
M 109	3992	11 57.6	+53 23	7×5	9.8	大熊座	棒旋星系	27 000 000
M 110	205	00 40.3	+41 41	17×10	8.5	仙女座	椭圆星系	2 300 000

　　梅西叶星表中的星云只是形态上模糊的天体，和今天所说的星云并不完全相同。梅西叶星表中的第一个天体 M1 就是我们所熟知的蟹状星云。这个天体也算星云，但它本质上是超新星遗迹，是死亡的大质量恒星爆发后的遗迹。蟹状星云是 1054 年一颗超新星爆发产生的。与此类似，死亡的小质量恒星周围会形成行星状星云，例如 M76。梅西耶星表中有很多天体按照今天的标准来说是真正的星云，例如礁湖星云（M8）、猎户座大星云（M42）。梅西耶星表中也有一些被称为"星云"的天体后来被证明根本不是星云，M31 就是最典型的例子。现在我们知道，M31 是一个银河系外的旋涡星系——仙女星系。在很长一段时间里，望远镜的分辨率不足以分辨出 M31 的结构，人们一直以为它和其他星云一样，是银河系内的星云。直到人类能够借助大口径望远镜分辨出 M31 中的恒星，并且找到了其中的造父变星，人类才知道了 M31 位于银河系外，它和银河系一样，也是一个旋涡星系。梅西耶星表中还有一些星系，最初也被认为是星云。

　　按照现在的标准，星云都是弥散的星际介质云。星云和大气中的云的性质相差很大。星云的密度非常低，典型的粒子数密度为每立方厘米 1000 个，而云中的粒子数密度大约为每立方厘米 10^{20} 个。星云的成分大部分是氢，而云的成分大部分是水。星云中的气体凝结、坍缩就形成了恒星，而云中的水汽凝结就产生了雨雪。

　　但从形态上来说，很多星云和我们在地球大气中看到的云很像。星云中的气体是处于湍动状态的；云中的气体也是处于湍动状态的，这可能是造成二者形态相似的一个因素。在这个意义上，把星云看作星际空间中的"云"也是没有问题的。

猎户座星云

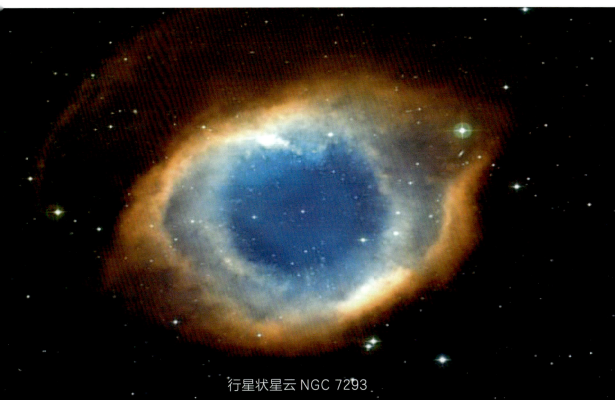

行星状星云 NGC 7293

10　恒星是什么，它们都发光吗

　　恒星是宇宙中一类由气体组成的发光天体，它们的能量来源于恒星核区的氢核聚变反应。恒星都是自身发光的天体，它们贡献了宇宙中的大部分可见光。肉眼可见天空中的星体大部分是恒星、星团、星系，以及由恒星照亮的星云、行星等。

　　恒星形成于一种叫作分子云的星际介质中。分子云主要由分子氢组成，其中还含有其他一些分子气体和尘埃颗粒。分子云在湍流作用下会产生一些密度较高的结构，称为分子云核。最致密的那些分子云核在自身引力的作用下收缩，中心密度不断变大，温度不断升高，最终点燃了核聚变反应，变成了一颗恒星。

　　恒星中心的核反应维持了恒星的发光，恒星能稳定发光的时间长度决定了恒星的寿命。恒星中可供核反应的物质是有限的，所以恒星的寿命是有限的。恒星的本征亮度以及恒星的寿命都与恒星的质量有关。恒星的本征亮度称为光度，恒星的质量越大，其光度越大。恒星光度正比于恒星质量的3.5次方，所以质量越大的恒星消耗物质越快，寿命反而越短。

　　质量小于0.4倍太阳质量的恒星寿命非常长，理论上可达千亿年甚至万亿年，远远长于宇宙年龄。质量大于0.4倍太阳质量的恒星在其内部的核燃料快消耗完的时候，核反应会变得不稳定。质量在0.4倍太阳质量到8倍太阳质量之间的恒星最后会抛出外层物质，形成一个行星状星云，并留下一颗白矮星。白矮星不再进行核反应，但因为温度较高，还会发出热辐射，直到最终冷却。质量在8倍太阳质量到25倍太阳质量之间的恒星最终会产生超新星爆发，形成一个超新星遗迹和一颗中子星。这种中子星有时候会表现为一颗脉冲星，有的脉冲星会发出多个波段的辐射，有时候也会发出可见光。质量超过25倍太阳质量的恒星最终也会产生超新星爆发，但最终留下的是一个超新星遗迹和一个黑洞。超新星遗迹在高能粒子作用下也会发光。

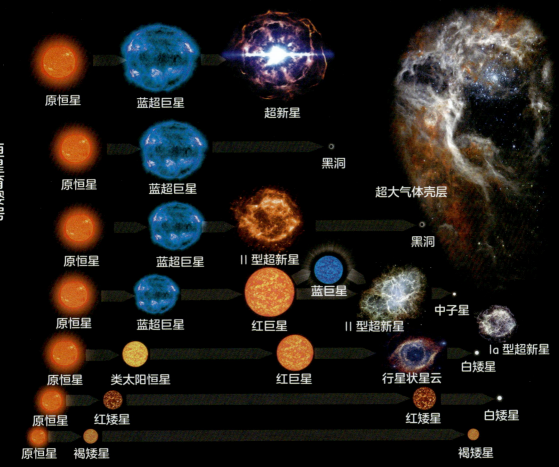

恒星育婴房

原恒星	蓝超巨星	超新星				
原恒星	蓝超巨星		黑洞			
原恒星	蓝超巨星	II 型超新星		黑洞		
原恒星	蓝超巨星	红巨星	蓝巨星	II 型超新星	中子星	
原恒星	类太阳恒星	红巨星		行星状星云	白矮星	Ia 型超新星
原恒星	红矮星				红矮星	白矮星
原恒星	褐矮星					褐矮星

超大气体壳层

不同质量恒星的演化

　　除了恒星和上面提到的发光天体外，宇宙中还有其他发光天体。一些星系中心的超大质量黑洞周围会形成明亮的吸积盘，在星系中心形成一个明亮的核区，称为活动星系核。20 世纪 60 年代观测到这些天体的时候，人们并不知道它们是明亮的星系核区。因为它们在图像上看起来和恒星一样，人们把它们称为类星体。宇宙中也有一些质量与恒星差不多大的黑洞，这些黑洞周围也会形成吸积盘，形成一个发光天体。

　　宇宙中还有很多天体自身不发光，而是反射其他天体的光。在城市中，我们在夜空中通常只能看到月球和太阳系内的几颗行星，它们都反射太阳光。在某些年轻恒星周围存在反射星云，它们也反射恒星的光。

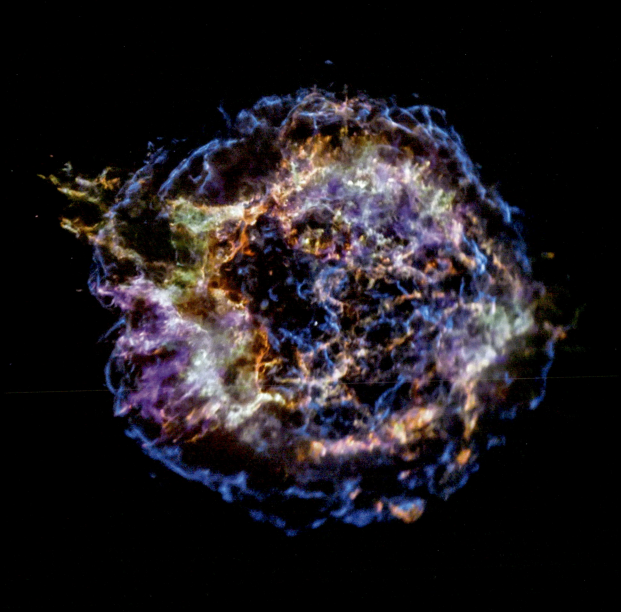

超新星遗迹 Cas A

11　大天体为什么是球形的

对于太阳系内的天体，从照片可以看到，太阳是圆形的，八大行星是圆形的，一些较大的矮行星也是圆形的（这些星体在三维空间看是球形），而小行星的形状通常都是不规则的，这是为什么呢？

首先，太阳是恒星，是由气体组成的，太阳系八大行星中的木星、土星、天王星和海王星也主要是由气体组成的，而小行星都是固体。恒星和气体组成的大行星的引力场中的等势面是球面，气体形成的表面是等势面，也就是球面，所以恒星和气体组成的大行星是球形的。事实上，只要星体表面有一层足够厚的流体，例如，星体表面覆盖了液体，星体也会是球形的。

其次，固体大行星，例如水星、金星、地球和火星也大致是球形的。但仔细观察可以发现，这些行星的表面不是完美的球面，有高山，也有峡谷。不过，山的高度和这些行星的半径相比可以忽略不计，所以这些行星看起来是球形的。行星上山的高度是有上限的，不能无限增高。当山的高度超过这个上限，山的底部会开始"流动"，限制山的高度进一

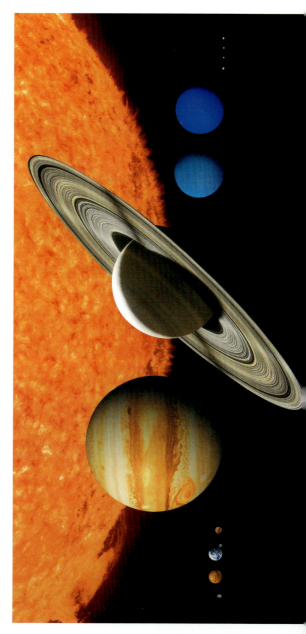

太阳、八大行星和矮行星

步增加。山的高度上限和行星的表面重力有关，表面重力越大，这个上限就越小。换句话说，重力越大的固体行星，其表面的起伏越小，越接近球形。

地球上的山能达到的高度上限大约是 10 km，夏威夷大岛的莫纳凯亚火山从其底部算起的高度大约有 9 km。火星的表面重力大约是地球的 1/3，所以火星表面的山的高度上限大约为 30 km。火星上的奥林匹斯山的高度大约为 22 km。地球的半径有 6000 多 km，火星的半径有 3000 多 km，相比之下，地球和火星上的这些山的高度都很小，所以地球和火星看起来都接近球形。

通常，随着星体变小，表面重力减小，山的高度上限反而会增大。也就是说，星体越小，表面起伏越大。当星体表面的"山"高得和星体的半径相近时，这个星体就不再是球形的了。通过计算可以发现，对于通常由物质组成的星体，当其半径为几百千米时，其表面的山的高度上限理论上也可以达到几百千米。所以半径小于几百千米的星体通常是不规则的。现在太阳系中已知最小的球形星体是一颗矮行星——谷神星，其半径为 476 km。半径更小的天体就是一些形状不规则的小行星。

放眼宇宙，并不是所有大天体都是球形，也不是所有小天体的形状都不规则。星际介质云比恒星大得多，但它们的形状却是不规则的，因为它们的自引力太小。中子星的半径只有大约 10 km，但因为密度很大，表面重力很大，理论上，表面的起伏不会超过 1 mm，所以中子星通常是球形的。

此外，如果星体有自转，在离心力的作用下，星体形状也会偏离球形。以地球为例，地球的赤道半径就比南北极方向的半径大几十千米。

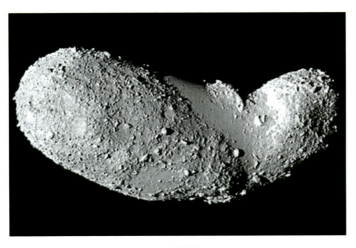

小行星

12 恒星能产生什么样的电磁辐射

恒星是组成宇宙的最基本的天体。我们在夜空中看到的大部分天体都是恒星，其他一些是行星、星云和星系。行星和星云大多是被恒星的光照亮的，而星系是由恒星组成的。所以，宇宙中很大一部分可见光都是恒星发出的。

恒星是炽热的气体球。不同质量的恒星有不同的光度和表面温度。通常，质量越大的恒星光度越大，表面温度越高。把恒星画到横坐标为表面温度（从左到右温度从高到低）、纵坐标为光度的二维图上，就得到了恒星的"赫罗图"。在图上，大部分恒星聚集在一条带状区域中，这个区域称为恒星的主序带。恒星一生中大部分时间都处于主序带中，只有尚未开始中心核聚变的原恒星以及演化末期的恒星会在主序带之外。主序带的恒星按照表面温度从高到低可以分为 O、B、A、F、G、K、M 型。

恒星的能量来源于中心的核聚变。恒星中心的温度高达数千万开尔文，在这样的温度下，产生的主要是 X 射线和伽马射线这样的高能电磁辐射。但是，这些高能电磁辐射不能直接离开恒星。经过多次散射到达恒星表面时，这些辐射的能量已经降低到紫外、可见光和红外波段。恒星发出的辐射主要是黑体辐射，其频率与温度有关。O 型星是表面温度最高的恒星，其表面温度最高可达40 000 K，辐射峰值在紫外波段，因此 O 型星主要发出紫外光和高频的可见光，所以看起来是蓝色的。随着表面温度降低，黑体辐射峰值移到可见光波段，恒星发出的光变为主要是可见光，而且频率降低，恒星的颜色会从 O 型星的蓝色变为 B 型星的蓝白色、A 型星的白色、F 型星的黄白色、太阳这样的 G 型星的黄色，再变为 K 型星的橙色和 M 型星的红色。

恒星的辐射主要是黑体辐射，但也有其他辐射。恒星并不是宁静的气体球。恒星大气中炽热的等离子体会产生大规模磁活动。磁活动可以产生射电辐射、紫外辐射、X 射线辐射，甚至伽马射线辐射。就我们的太阳而言，我们可以接收到它在整个电磁波段的辐射。我国已经在内蒙古的明安图建设了射电频

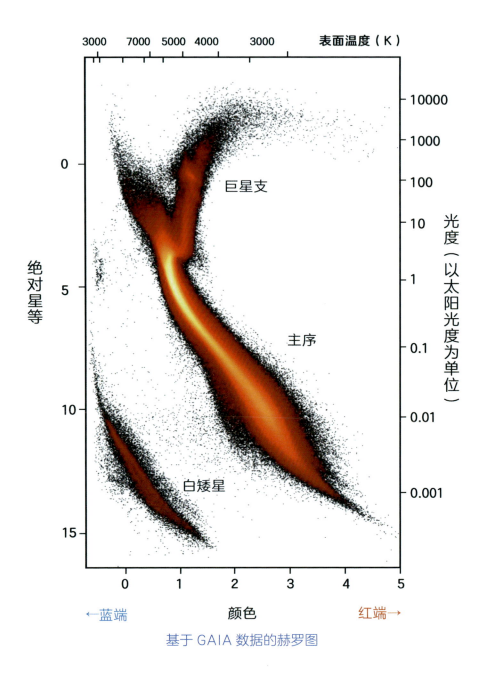

基于 GAIA 数据的赫罗图

谱日像仪，可以在射电波段对太阳进行成像观测。我国在北京、云南等地也都建设了观测太阳的可见光望远镜。2021 年和 2022 年，我国发射了观测太阳的空间望远镜，其中风云三号 E 星可以对太阳进行 X 射线观测和紫外观测。

　　我们之所以容易看到太阳磁活动的辐射，是因为太阳和我们的距离很近。其他恒星和我们的距离与太阳和我们的距离相比要远得多，所以我们很难看到其他恒星的磁活动产生的辐射。最近，天文学家已经使用 FAST 等灵敏度较高的射电望远镜看到了恒星磁活动产生的射电辐射。

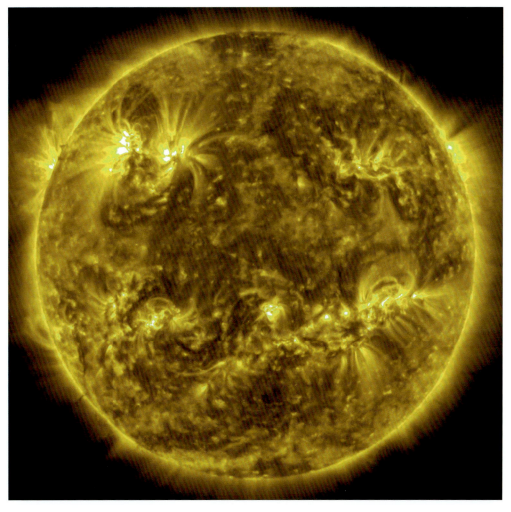

太阳的极紫外图像

13 中子星的密度为什么那么高

　　太阳系99%以上的物质都在太阳中，为了装下这么多物质，太阳的半径达到了70万km。这么大的球体可以装下100万个地球。除了太阳这样的恒星，宇宙中还存在一些致密天体，比如中子星。中子星的半径大约为10 km，大小相当于一座小城市，但中子星的质量大约和太阳一样大。为什么一座小城市大小的空间中能装入一个太阳质量的物质呢？最简单的答案是，构成中子星的物质和普通物质不一样。这是很显然的，从太阳到中子星，半径大约缩小为1/70 000，体积大约缩小为1/（3.43×10^{14}），所以中子星物质的密度大约是水（太阳的平均密度约为水的1.4倍）的3.43×10^{14}倍。

　　如果中子星的物质生来如此，那么问题就已经解决了。然而，中子星是由普通恒星演化而来的。8倍太阳质量到25倍太阳质量的恒星死亡后会形成中子星。也就是说，中子星的物质是由普通物质转化而来的。通常物质被压缩到一定程度就很难再被压缩了，那么普通物质是怎么变为中子星物质的？

　　为了理解这个过程，我们先回顾一下原子的结构。原子是由原子核和电子组成的。电子在原子核周围运动，形成了电子云。通常原子的直径大约为10^{-10} m，而通常原子核的直径大约为10^{-15} m，也就是说，原子中的大部分空间是被电子占据的。在通常的条件下，压缩普通物质，抵抗压缩的是电子与电子之间的排斥力。如果能大幅增加压力，克服电子之间的排斥力，让原子核与原子核互相紧紧靠在一起，物质密度就可以提高10^{15}倍。这样，物质的

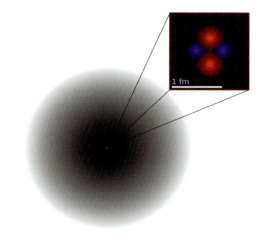

原子核只占原子体积的一小部分

fm为长度单位"飞米"的符号，1 fm=1×10^{-15} m。

密度正好是中子星物质的量级。现在，大部分天文学家认为，中子星中的物质就是这种原子核紧紧靠在一起，电子已经被挤压到原子核中的物质。因为电子被挤压到了原子核中，这种物质几乎全是由中子构成的，中子星的名称正是来源于此。

既然压缩普通物质非常困难，那么要怎么才能把原子核挤压到一起呢？这种压缩目前只能在天体物理过程中实现。中子星是在大质量恒星死亡时的超新星爆发中产生的。超新星爆发的时候高速向外抛出大量物质，由动量守恒可知，核心的物质必然受到了强烈的压缩，这种压缩足以将原子核挤压到一起，形成中子星物质。

那么，如果压缩更强烈一些，是不是可以将中子内部的"空间"也挤压掉，形成某种更致密的"物质"？按照目前的主流理论，这种"物质"是不存在的，因为中子是基本粒子，已经没有"空间"可以挤压。对中子星进一步压缩会导致中子星塌缩，形成一个黑洞。黑洞中心是一个奇点，密度为无穷大。黑洞还有一个视界，进入视界的物质和辐射都无法再离开。1倍太阳质量的黑洞视界半径大约为3 km，所以，即使压缩中子星后能产生某种更致密的"物质"组成的星体，只要半径小于3 km，那么从观测上看它们和黑洞就无法区分。

14 暗物质和暗能量的本质是什么

随着观测技术的发展和对宇宙认识的深入，我们发现了很多新的天体和天文现象，也对宇宙的组成有了更深的认识。我们通过光学望远镜了解了银河系的结构以及银河系外的其他星系，也通过射电望远镜和红外望远镜探测到了恒星之间的星际介质。粗看起来，宇宙似乎就是由恒星和星际介质构成的。

早期的天文学家也是这么认为的。但在20世纪30年代，天文学家发现，按照星系团里星系的运动速度计算，星系团的总质量应该远大于可见星系的质量之和。也就是说，星系团中有很多不可见的"物质"，这就是"暗物质"存在的最初证据。后来，对近邻星系旋转曲线的测量发现，星系中也含有很多暗物质。

最开始，天文学家猜测暗物质是不发光的天体。中子星、黑洞就是这样的天体。但随着认识的深入，天文学家发现，暗物质中的大部分应该不是我们通常所知的重子物质。也就是说，暗物质不是"暗的物质"，而是一种新的宇宙组成成分。也有天文学家提出，我们观察到的星系旋转曲线可以用一种不同于通常理论的引力规律来解释，这样就不需要暗物质了。不过，对一些相互碰撞的星系的观测给出了暗物质存在的更强有力的证据。

虽然有很多证据表明存在暗物质，但我们并不知道暗物质中的那些非重子成分是什么。天文学家提出了关于这些暗物质的模型，并且建造了探测器尝试直接探测组成这些暗物质的粒子，但到目前为止还没有探测到。我们对暗物质的了解还仅限于它们的引力效应。

暗物质是神秘的，我们对其知之甚少。但宇宙中还有一种更为怪异的成分，这种成分比可见物质和暗物质之和还多，就是暗能量。暗能量虽然和暗物质一样是"暗"的，但性质完全不同。暗物质和普通物质一样产生引力，但暗能量完全相反，产生的是斥力。天文学家对于暗物质的组成尚有一些猜测的模型，但对暗能量几乎一无所知。既然如此，天文学家是怎么知道存在暗能量的呢？

宇宙中有一类本征亮度差不多的超新星，叫作 Ia 型超新星。这种超新星非常明亮，在遥远的宇宙中也能观测到。我们可以根据观测到的亮度推测这些超新星和我们的距离。观测发现，位于远处的这种超新星的亮度总是系统性地低于按照通常宇宙膨胀模型的预期值。也就是说，真实的宇宙膨胀速度更快，而且测量结果表明，宇宙膨胀的速度是越来越快的。如果宇宙中只有可见物质和暗物质，宇宙是不会加速膨胀的。宇宙中一定存在一种能产生"斥力"的成分，因为这种成分不可见，又不同于物质，所以天文学家称其为"暗能量"。

　　现在我们对暗物质和暗能量的认识仅限于它们产生的引力和斥力，对于它们的本质我们还知之甚少。

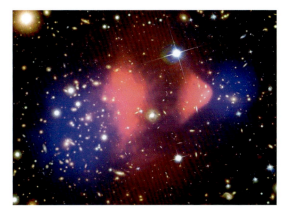

相互碰撞的星系

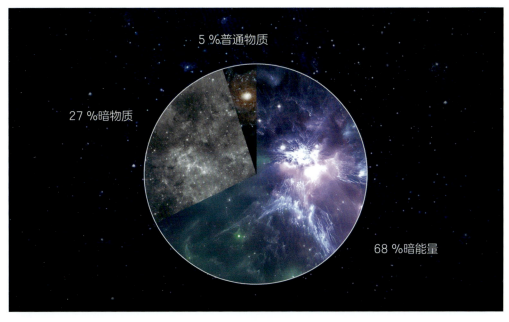

5 %普通物质

27 %暗物质

68 %暗能量

宇宙的组成

15 流星雨是否总在每年差不多的时间出现

在晴朗的夜空，除了斗转星移、星光闪耀，我们最常见到的就是划过夜空的流星。流星是流星体（行星际空间的尘埃颗粒或岩石）进入地球大气层，和大气摩擦，发光发热而形成的。据估计，直径大于 5 mm 的流星体进入地球大气层就会成为流星。地球在绕太阳公转的轨道上运动，难免会和行星际空间的流星体偶然相遇，产生流星，这样的流星是偶发的，没有特定的出现时间。而如果地球遇到较大的流星体，流星体在大气中无法完全烧蚀，就会以陨石的形式落到地面。

有一些彗星在接近太阳的过程中，其轨道在某个位置穿过地球公转轨道。彗星会在其运动轨道附近留下很多尘埃颗粒，形成流星体群。这些流星体群也大致沿着彗星的轨道运动，所以不断有流星体群沿着大致相同的轨道在大致相同的位置穿过地球公转轨道。当地球运行到这个位置碰到流星体群时，就会产生一次流星雨。这样的流星雨中的流星轨迹在天球上的投影看起来是从同一个点发散开来的。这个点被称为流星雨的辐射点，大致是尘埃颗粒的轨道和地球轨道的交点。该交点在地球上看来也大致处于同一个方向，所以通常以此方向对应的星座命名。

在地球轨道附近存在不同的流星体群，它们的轨道与地球轨道相交于不同的地方，所以每年的不同时候会有数次流星雨，并以辐射点所在星座命名。比较著名的流星雨有每年 12 月 13—14 日出现的双子座流

天球：天文学中引进的以选定点为中心，以任意长为半径的假想球面，用以标记和度量天体的位置和运动。

双子座流星雨：源自小行星 1983TB。

星雨，每年 11 月 14—21 日出现的狮子座流星雨，每年 10 月 15—30 日出现的猎户座流星雨，每年 10 月 6—10 日出现的天龙座流星雨，每年 7 月 17 日—8 月 24 日出现的英仙座流星雨，每年 4 月 19—23 日出现的天琴座流星雨等。

事实上，流星并没有得到充分的观测，流星的数量可能远远多于我们现在的估计。通过实测可以发现，即使在北京这样的大城市，每天晚上也都可以看到几颗流星。通过使用自动监测设备，我们已经能够积累大量流星的数据。这完全改变了传统的目视观测和报告流星的模式。如今，人们已经通过统计流星的辐射点找到了新的流星群。而通过积累多年的流星数据，我们还会找到新的流星群，甚至找到产生这些流星群的母体彗星。

研究流星有助于我们深入了解彗星以及地球周围的空间，了解行星际物质和地球大气的相互作用以及它们对电离层的影响。这有助于监测近地空间环境、预防航天灾害性事件，对于确保电离层通信安全以及深入了解太阳系天体的相互关系、起源和演化，都具有重要的价值。

狮子座流星雨：源自彗星坦普尔－塔特尔（Tempel-Tuttle）。

猎户座流星雨：源自哈雷彗星。

天龙座流星雨：源自彗星贾科比尼－津纳（Giacobini-Zinner）。

英仙座流星雨：源自彗星斯威夫特－塔特尔（Swift-Tuttle）。

天琴座流星雨：源自彗星 1861l。

天琴座流星雨示意图
（4 月 22 日凌晨 3 点，往东看）

英仙座流星雨示意图
（8 月 13 日凌晨 2 点，向东北看）

16 拉格朗日点在哪儿

拉格朗日点又称为平动点，对应于限制性三体问题的特解。当一个小天体在两个互相绕转的大天体的引力作用下，在空间某点相对于两个大天体基本保持静止时，这样的点就是拉格朗日点。可以看出，在这个问题中，转动参考系不是惯性系。拉格朗日点不是简单的引力平衡点，引力平衡中还需要考虑离心力。

两个互相绕转的大天体有 5 个拉格朗日点，分别称为 L1、L2、L3、L4 和 L5。L1、L2 和 L3 在两个天体的连线上，其中 L1 在两个天体之间，L2 和 L3 分别在两个天体的外侧。L2 在质量较小的天体一侧，L3 在质量较大的天体一侧。这 3 个点本身是不稳定点，但这些点附近存在拟周期运动的轨道，在这个轨道上的运动是稳定的。L4 和 L5 分别位于以两个天体连线为底的两个等边三角形的顶点。在特定条件下，也就是较大天体质量 M1 与较小天体质量 M2 之比大于 24.96 时，L4 和 L5 是稳定的，位于 L4 与 L5 的物体处于稳定平衡。太阳和木星的 L4 和 L5 就是稳定的，这里分别聚集了两群小行星（L3 也聚焦了一群小行星，数量相对较少）。此外，在太阳 – 火星、太阳 – 土星、木星 – 木卫、土星 – 土卫等系统的 L4 和 L5 也有类似天体。土卫三的 L4 和 L5 有两颗小卫星——土卫十三和土卫十四。土卫四的 L4 有一颗卫星——土卫十二。在日 – 地系统的 L4 和 L5 也发现了尘埃云。

在两个天体系统中，距离质量较小的那个天体最近的拉格朗日点是 L1 和 L2，飞行器只需要很少的燃料就可以在这两个点附近长期进行拟周期运动。日 – 地系统的 L1 和 L2 始终位于太阳和地球的连线上。在 L1 地球不会遮挡太阳，因此在 L1 放置观测太阳的望远镜可以不间断地观测太阳，并且容易将信号传回地球。太阳和日球层天文台（Solar and Heliospheric Observatory，SOHO）就工作在这里。日 – 地系统的 L2 点距离地球大约 150 万 km，从这里看，地球的张角是 0.48°，太阳的张角是 0.52°，所以地球挡住了大部分太阳光，可以看到"日全食"。理论上在这里放置太空望远镜可以很大程度上减少太阳光的影响，特别适合进行微波背景辐射和红外观测。但实际上，太空望远镜都是在该点附近的晕轨道中运动。威尔金森微波背景各向异性探测器（Wilkinson Microwave Anisotropy Probe，WMAP）和韦伯太空望远镜就工作在这种晕轨道中。我国的嫦娥二号卫星在完成探月任务后也曾经飞到 L2 点进行探测。我国嫦娥四号任务中，将用于中继通信的卫星"鹊桥"发射到了地 – 月系统的 L2 点。地 – 月系统的 L2 点距离月球大约 6.5 万 km，"鹊桥"在这个点附近的晕轨道中运动。在地 – 月系统的 L2 点，月球的张角大约是 3°，地球的张角大约是 1.5°，但 L2 点晕轨道直径达到 7000 km，比月球直径大，所以"鹊桥"与地球的通信不会被月球遮挡。

日 – 地系统的拉格朗日点

一方面，飞行器可以用少量燃料长期保持在拉格朗日点附近，这是在这里放置太空望远镜的优势。但另一方面，太空中的微流星体也可以在拉格朗日点附近长期存在，所以太空望远镜在这里被微流星体撞击的概率也更高。自开始工作以来，韦布太空望远镜已经遭遇了多次微流星体的撞击。

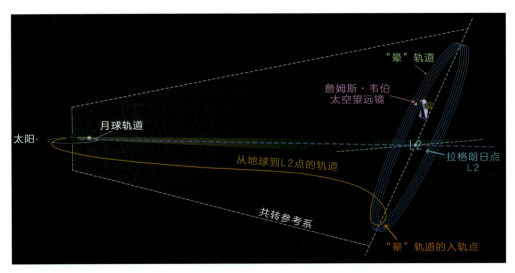

韦布太空望远镜的轨道

17 为什么太阳自转轴不垂直于行星公转轨道面

通常认为，恒星和周围的行星系统是由分子云中形成的。分子云核坍缩时，由于存在角动量，恒星和周围的行星系统会形成一个原行星盘。在这个模型中，恒星和行星最初的自转轴应该垂直于行星系统的公转轨道面。在太阳系中，大部分行星自转轴不垂直于公转轨道面，通常认为这是因为行星在形成的过程中经历了剧烈的碰撞。以地球为例，现有观测证据支持碰撞起源模型。原始地球和另外一颗行星相撞产生了今天的地球和月球，在这个过程，地球自转轴发生了倾斜，而月球绕地球转动的轨道平面（白道面）和地球绕太阳公转的轨道平面（黄道面）的夹角要小得多。因为地球自转的角动量较小，容易改变，而轨道运动的角动量较大，不易受到影响。

角动量：物体绕轴的线速度与其距轴线的垂直距离的乘积。

太阳集中了太阳系99%以上的质量，其角动量也不容易改变。所以，在恒星形成的图像中，太阳自转轴应该垂直于行星的轨道面。通常认为太阳系质量最大的行星——木星的轨道运动主导了行星系统的角动量，所以我们需要考察太阳自转轴和木星轨道面的夹角。实际上，太阳自转轴和木星的轨道平面的夹角约为8°。这和恒星以及行星系统形成的简单图景不符。一种可能性是，太阳在形成早期经历过碰撞和并合，因为恒星通常是成群形成的，形成之初周围可能有其他恒星。但是，如果太阳和其他恒星碰撞，很难想象太阳周围的行星系统还能保持完整。我们可以观测新形成的恒星，计算碰撞和并合的概率，检验这个图像是否正确。另一种可能性是，木星轨道平面不能代表整个太阳系的行星系统。因为轨道运动的角动量不仅和行星的质量有关，还和轨道半径有关。只要在距离太阳大约 50 000 AU 的地方有一颗地球质量的天体，其轨道角动量就和木星轨道角动量相当。事实上，近年来已经陆续发现了多颗位于冥王星轨道之外的柯伊伯带天体，但我们还不清楚在柯伊伯带中是否有其他质量较大的天体。自冥王星被降级为矮行星后，部分天文学家开始致力于寻找第九大行星。虽然目前还没有找到第九大行星，但一些迹象表明可能存在第九大行星。有天文学家指出，位于太阳 – 木星拉格朗日点

AU：天文单位（astronomical unit），天文学中距离的基本单位，其长度等于日地平均距离。

第九大行星的想象图

L4 和 L5 处的两个小行星群的不对称性是曾经有一颗行星闯入木星轨道导致的。现在这颗行星可能位于柯伊伯带乃至更靠外的奥尔特云中。如果这颗行星确实存在，它的轨道运动角动量应该主导了太阳系行星系统的轨道角动量。这就有可能同时解释了太阳的自转轴为什么不垂直于木星的轨道平面。当然，在真正找到这颗行星之前，我们并不知道这颗行星的轨道平面的方向。我们并不清楚这颗行星是否在围绕太阳公转，也不知道是否还存在其他行星。太阳自转轴为什么不平行于行星公转轨道面，目前仍然是一个未解决的问题。

18　今天的太阳系是如何演化的

　　按照现在对恒星形成的理解，恒星是在分子云中形成的。小质量恒星和大质量恒星的形成过程不太相同。大质量恒星的形成过程中可能有并合和大量的物质吸积，而小质量恒星是单个分子云核收缩形成的。在小质量恒星的形成过程中，其周围会形成一个含有尘埃的气体盘，这个气体盘中会形成若干颗行星。由此可以得出一个推论：小质量恒星周围的行星轨道平面近似共面，小质量恒星的自转轴垂直于行星轨道平面。

　　随着观测技术的发展，小质量恒星形成的这个过程不再只是理论图像，在实际观测中已经看到了正在形成的小质量原恒星周围的气体盘，也观测到了正在盘中形成的行星。原恒星继续坍缩，当核心温度达到氢聚变温度时，原恒星变成了主序星。恒星发出的光和恒星风驱散了气体盘，留下了小行星、矮行星和行星。

　　太阳是一颗小质量恒星，通常认为太阳和其他小质量恒星一样，在分子云中由单个分子云核收缩形成。在此过程中，太阳系的小行星、矮行星和行星等天体在含气体和尘埃的盘中形成的。在太阳进入主序阶段，开始核心的氢聚变后，它发出的光和太阳风逐渐将周围的气体驱散，留下小行星、矮行星和行星等天体。太阳系的八大行星的轨道面接近共面，这符合小质量恒星形成的模型。但太阳的自转轴并不垂直于八大行星的轨道面，目前还不知道原因，或许是因为没有完全考虑到靠外的柯伊伯带天体的影响。

　　太阳系的行星不是自形成以来就是现在的样子。最初，气体盘延伸到水星以内，所以水星可能曾经也有大气，但后来在强烈的太阳辐射和太阳风作用下，这些大气随着气体盘一起消失了。金星现在虽然有浓密的大气，但大气成分也一定和最初形成时不一样了。围绕原始太阳的气体盘中主要是氢气，所以最初形成的金星大气应该主要是氢气，而如今金星大气中充满了二氧化碳。地球就更不用说了，天文学家相信，现在的地球和原始地球完全不同。对月球和地球

元素丰度的分析表明，地球
和月球的元素丰度非常接近，
除了月球上缺少铁。现在天
文学家认为，地球和月球是
原始地球和另一颗行星碰撞
产生的，碰撞溅射出的表层
碎片重新凝聚成了现在的月
球，而两颗行星的核心以及
部分表层物质凝聚成了地球。

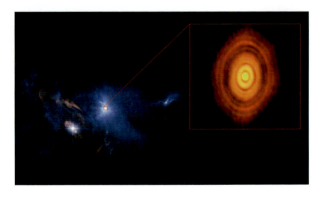

阿塔卡马大型毫米波／亚毫米波阵列望远镜
（ALMA）拍摄的原行星盘（右上）

火星如今也只剩下了稀薄的大气。至于火星和木星之间的小行星带，可能是因
为木星强大的引力而没有形成行星，只是剩下了一些碎片。八大行星中靠外的4
颗行星因为远离太阳，可能还保留了比较原始的大气。而海王星之外的柯伊伯
带和更靠外的奥尔特云中的天体可能保留了太阳系形成之初的原始物质。从那
里来的彗星就是穿越太空为我们带来远古信息的信使。

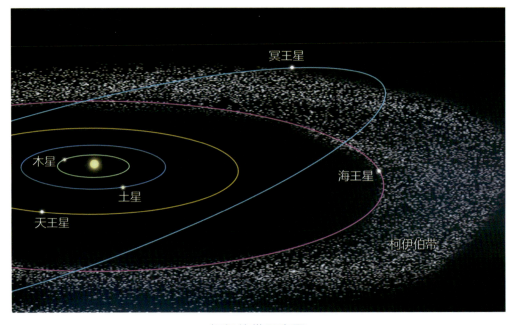

柯伊伯带示意图

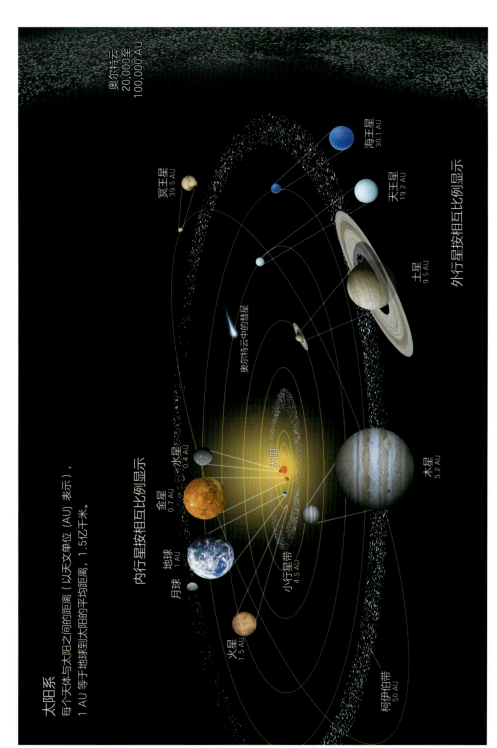

太阳系

每个天体与太阳之间的距离（以天文单位（AU）表示），
1 AU 等于地球到太阳的平均距离，1.5亿千米。

内行星按相互比例显示

外行星按相互比例显示

奥尔特云
20,000至
100,000 AU

海王星
30.1 AU

冥王星
39.5 AU

天王星
19.2 AU

土星
9.5 AU

奥尔特云中的彗星

木星
5.2 AU

柯伊伯带
50 AU

小行星带
4.5 AU

火星
1.5 AU

地球
1 AU

金星
0.7 AU

水星
0.4 AU

月球

太阳

太阳系结构

19　太阳系的归宿是什么

太阳系 99.86% 的质量集中在太阳上，太阳主导了太阳系的演化，太阳系中的行星随太阳一同形成。在过去的 46 亿年中，太阳周围最初形成的行星、小行星等天体经历了碰撞、并合，最终形成了今天的太阳系相对稳定的格局，包括八大行星、小行星带、柯伊伯带和奥尔特云。虽然今天仍然有小行星撞击行星，但太阳系已经达到了长期稳定的状态。

人类生命乃至人类社会的历史和太阳系的历史相比都短得像一瞬间，所以人类看到的太阳系似乎是稳定不变的。但实际上，太阳系是从分子云中诞生的，最终也会消亡。太阳是一颗普通的中等质量恒星。通过对银河系中其他恒星的观测，我们知道中等质量恒星死亡的时候会将外层物质抛出，形成一个行星状星云，在中心留下一颗白矮星。

太阳的演化可能和通常的小质量恒星一样。太阳的寿命大约为 100 亿年，如今太阳自诞生以来已经经过了大约 46 亿年。按照小质量恒星的标准，太阳现在

流浪行星的艺术想象图

正处于中年。太阳还将稳定发光大约 50 亿年。按照天体力学的计算，如果没有外来的巨大扰动，太阳系的运行将是长期稳定的，所以在太阳稳定发光的这段时间内，太阳系会稳定运行。目前，我们已经发现了 2 颗来自太阳系外的小天体经过太阳附近。这样的小天体可能经常造访太阳系，它们对太阳系行星的扰动较小，影响可以忽略。不排除太阳系在未来可能遇到较大质量的天体，例如在太空中流浪的行星、黑洞。这些天体可能产生一个短时间的巨大扰动，改变一些行星的轨道。太阳系遇到这样的天体的概率不高，但不是完全没有可能。

　　如果太阳系不受外来天体的影响，最终会怎么样？答案主要还是在太阳上。太阳在大约 50 亿年后耗尽中心的氢，开始不稳定的壳层燃烧并逐渐膨胀形成红巨星，抛出外层物质。一方面膨胀的太阳可能会吞噬地球，吹散地球大气，使地球上的海洋完全蒸发。对于更靠近太阳的水星和金星，其轨道半径会增大，太阳引力会减小；另一方面，它们的轨道运动受到的阻力增大，所以也有可能落入太阳。地球和靠外的行星轨道半径会增大，向外迁移。木星轨道上可能形成新的宜

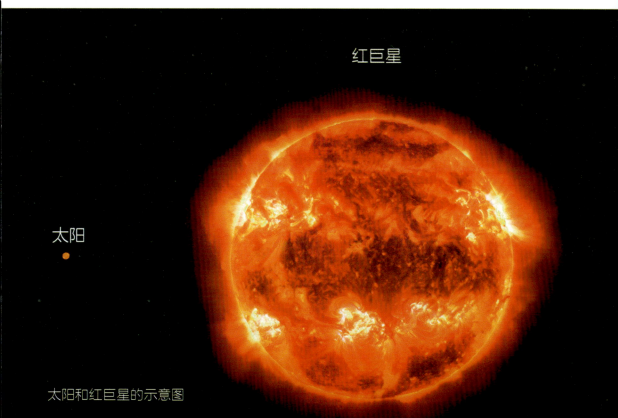

太阳和红巨星的示意图

居带。这里有木星的多颗卫星，上面有水，可能支撑起新的文明。在远离太阳的柯伊伯带中，太阳质量减小导致的引力减小可能会使得这里的天体脱离太阳系，进入星际空间，成为在星际空间中漂泊的小行星。它们也有可能进入其他行星系统，成为其中的一员。

　　太阳最终会变成一颗白矮星，太阳系的部分行星会继续围绕它公转。随着白矮星冷却，太阳系逐渐暗淡，成为难以观测到的天体。考虑到几乎每颗恒星周围都有行星系统，银河系可能存在大量这样的天体。搜寻这些天体会让我们更好地理解太阳系的归宿。

20　土星的光环是怎么来的

从外观上看，土星是太阳系中一颗独特的行星，因为土星周围有一个明显的环。近年来的研究发现，除了土星，木星、天王星和海王星周围也有环，但非常细小，用肉眼和普通望远镜都观测不到，最早是通过掩星的方法发现的。最近，韦布空间望远镜已经拍摄了木星环、土星环、天王星环和海王星环的照片。太阳系靠外的 4 颗巨行星都有环。所以，对于巨行星来说，环是普遍存在的，并不罕见。但不同行星的环的宽窄以及物质组成是不尽相同的。土星环较宽，有较高的反射率，因此显得比较明亮。

土星环在土星赤道面内，和土星自转轴垂直。土星自

掩星：一种天文现象，指一个天体在另一个天体与观测者之间通过而产生的遮蔽现象。

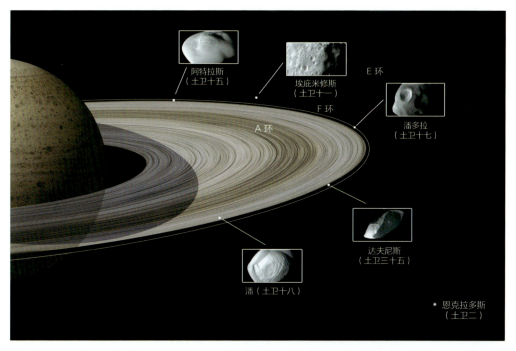

土星环

木星环

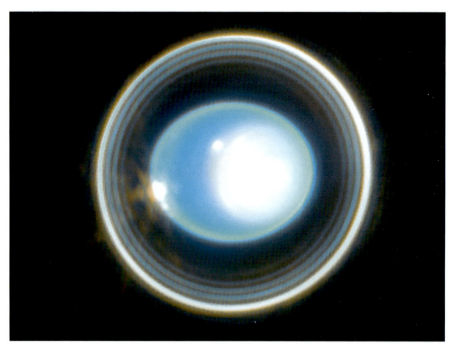

天王星环

转轴和公转轨道并不垂直，倾角大约为27°。所以，随着土星绕太阳转动，我们可以从不同角度看到土星盘。长期观测可以发现，每隔15年，土星环就会"消失"一次。在这些时候，土星环侧向我们。这说明土星环是非常薄的。事实上，土星环大部分区域的厚度只有几十米。相比之下，土星环的直径约28万千米。这么极端的尺寸比例说明，土星环不可能是一个整体。土星环由冰块和尘埃颗粒组成，冰块可以有效地反射阳光，从而使土星环显得非常明亮。土星环可以分为几个不同部分，按照距离从近到远分别是D、C、B、A、F、G和E环，这些环是按发现的时间顺序命名的。土星环之间的环缝可能是卫星导致的。卫星倾向于使靠内的物质减速（轨道半径减小）、靠外的物质加速（轨道半径增大），从而在卫星轨道附近开出一条缝。

最早的时候，天文学家推测土星环是和土星一同形成的。但随着观测证据的增多，尤其是根据卡西尼号探测器的近距离观测，天文学家改变了这个看法。太阳系中遍布尘埃颗粒，如果土星环是和土星一同形成的，那么土星环上应该沉积了很多尘埃。但实际上土星环上并没有沉积那么多尘埃，按照这种方法估计，土星环应该只存在了4亿年。一方面，土星环中的物质有可能互相碰撞并合，形成新的卫星，这些物质也可能被太阳辐射蒸发，被土星吸收；另一方面，天文学家也发现，土卫二会向外喷出冰晶，为土星环补充物质。但是，土星环不会永远存在，据估计几亿年后土星环将消失。

土星环中98%的物质都是水冰，成分与土星不太一样，这也从另外一个角度说明了土星环不是在土星形成之初就存在的。有可能是土星的一颗卫星和外来的彗星或者小行星碰撞，抛出表层水冰形成了土星环，剩下的其他物质可能形成了土星的卫星，或者落入了土星。要弄清楚土星环的起源，或许还应该向外看，看看行星环在其他行星系统中是不是普遍存在。如果行星环普遍存在，那么通过拥有明显行星环的行星比例就可以估计行星环的寿命，从而帮助我们理解土星环的起源。

海王星环

21 为什么水星和金星通常在太阳落山或黎明前后出现

　　在黎明和黄昏时，经常可以看到一颗明亮的行星，这就是被我们称为启明星或长庚星的金星。如果天气非常好，地平线附近没有云或雾霾，那么也有可能看到比金星暗弱的另一颗行星——水星。为什么水星和金星通常在这两个时候出现呢？首先，水星和金星的角直径较小，反射光产生的亮度不够，通常不可能像月亮那样在白天被看到。另外，水星和金星也不可能在深夜或凌晨被看到。

　　太阳系的八大行星中，水星和金星是公转轨道半径最小的两颗。从地球上看，水星和太阳的最大角距离为 20 多度，而金星和太阳的最大角距离为 40 多度。也就是说，水星和金星总是出现在太阳附近。从地球上看，太阳每小时在天空中移动大约 15°。所以在太阳升起前 3 h，以及太阳落山后 3 h 之后，水星和金星都在地平线以下。实际上，由于地平线附近山和建筑物的遮挡，水星和金星要在一定地平高度之上才能看到，这就进一步限制了能看到水星和金星的时间。

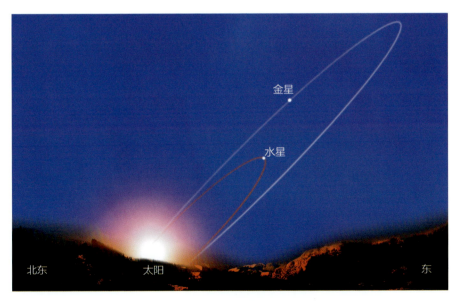

水星轨道和金星轨道示意图

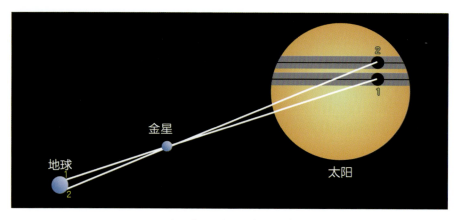

利用金星凌日测量距离

在水星和金星比太阳早升起和早落下的情况下（此时水星和金星位于太阳西边），我们只能在黎明前看到它们。此时太阳还未升起，天空还足够暗，我们可以在东边天空看到它们。水星通常只能在地平线附近看到，而金星的地平高度可能会高一些。在黄昏的时候，水星和金星已经先于太阳落下，所以在这种情况下不可能在黄昏看到水星和金星。相对应地，当水星和金星位于太阳东边时，我们只能在黄昏时看到它们。此时太阳已经落下，天空暗下来，可以在西边天空看到它们。在早晨太阳升起的时候，水星和金星还未升起，是不可能看到的。

在白天一定看不到水星和金星吗？我们回想一下月球的情形。我们除了可以通过月球的反射光看到月球，在某些特殊情况下也可以看到月球。在月球位于地球和太阳之间的时候，我们通常看不到月球的反射光，但是在日食这种特殊情况下，我们可以看到月球的剪影。类似地，我们也有可能看到水星和金星的剪影。

水星轨道平面和黄道面的夹角有7°，金星轨道平面和黄道面的夹角有3.4°。从地球上看，水星和金星不经常出现在太阳的正前方或正后方。只有在地球经过它们轨道的升交点和降交点方向时，它们才会出现在太阳的正前方或正后方。当水星或金星出现在太阳前方，并且与太阳中心的角距离在0.25°之内时，就会发生水星凌日或金星凌日。水星凌日每100年大约发生13次。而金星凌日更加罕见，以2次（2次间隔8年）为一组，两组金星凌日之间间隔100多年。在天文学发展历史上，金星凌日对于日地距离的测定具有重要作用。

22 行星为什么会逆行

由于地球自转，星空看起来好像在绕地球转动。不过，除了这个运动，大部分星体的相对位置通常保持不变，这些星体被称为恒星。表观上，有少数星体的位置相对于这个"不变"的恒星背景会有变化，就像在行走，这些星体被称为行星。行星的英文是 planet，来源于希腊文 πλανῆται，意思是"漫游者"。在地球上，肉眼可见的行星有 5 颗，即水星、金星、火星、木星和土星。最早的时候，人们讨论行星逆行，对象就是这 5 颗行星。随着我们对太阳系认识的深入，现在也会讨论天王星、海王星的逆行。

从地球上看，行星的运动并非总是朝向一个方向，有的时候会逆行。在"地心说"的框架中，行星逆行是一个令人费解的观测事实。为了解释这个事实，人们在行星的圆周运动上又叠加了本轮运动。通过多级本轮运动才能解释行星逆行。这种复杂性也是日后人们放弃"地心说"而接受"日心说"的一个重要原因。在"日心说"的框架中，行星逆行的解释就直观得多。在"日心说"中，太阳系所有行星的公转方向都是一致的，行星并没有逆行的时候。所谓逆行，是各行星的公转角速度不同导致的一种表观效应，是自然现象。

在行星逆行这个问题上，内行星和外行星情况有所不同。按照开普勒行星运动三定律，轨道半径越大的行星，公转角速度越慢。水星和金星是内行星，轨道半径比地球轨道半径小，公转角速度比地球公转角速度快。在地球上看起来，这两颗行星就像在太阳两侧震动。因为是往复运动，自然有逆行的时候。我们只能在水星和金星位于太阳两侧的时候看到它们，所以它们的逆行也发生在这些时候。地球轨道之外的火星、木星和土星的公转速度比地球慢。只有当地球和这些行星位于太阳的同一侧时，我们才能看到这些行星。当地球轨道运动快追上这些行星的时候，这些行星相对恒星背景的运动就会改变方向，这样就产生了逆行现象。

上述五大行星之外的其他行星是否也会逆行？因为没有更多内行星，所以需要考虑外行星的情形。道理相同，更远的外行星会和前面讨论的火星、木星和土星一样逆行。但是，可以想象，如果一颗外行星距离非常远，那么它看起来更像是在不断震动，而震动的中心慢慢向前移动。叠加后的运动看起来就是正向运动比逆行的比例稍多一些，逆行的占比接近50%。在另一个极端，假设有一颗轨道半径非常接近地球轨道的行星，那么大部分时间我们都会看到它在正向运动，逆行的占比会非常少。由此可以得出结论：对于外行星，轨道半径越大，逆行的时间占比就越大。

行星逆行只是历史上我们对太阳系认识不够深入的时候观测到的表观现象，对这个现象的研究帮助人们接受了"日心说"。现在我们已经知道了它产生的原因，不应该再将其与人们的生活进行牵强的关联。

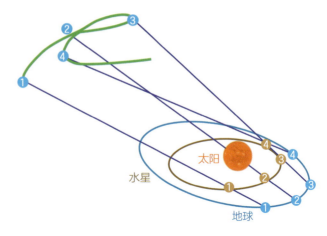

水星逆行示意图

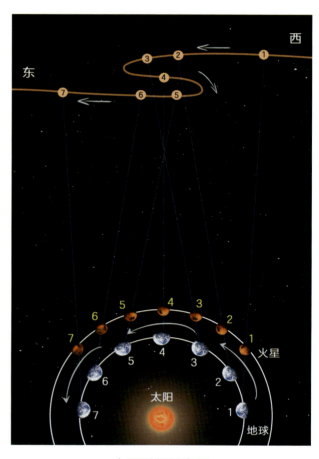

火星逆行示意图

23　行星为什么有不同的颜色

　　谈到行星的颜色，通常指的是在可见光波段看到的颜色。不同颜色的光本质上是不同波长的光。行星通常不发出可见光，而是反射恒星的光，我们看到的行星的颜色就是反射光的颜色。所以，行星的颜色和恒星光的频谱以及行星表面的物质成分和结构有关。如果是在地球上观测，地球大气层会影响观测到的天体的颜色。例如，月球是灰色的，但在地球上，我们有时会看到黄色的月亮。此外，我们看到的颜色和我们使用的接收装置有关，不同接收装置对不同颜色光的响应不同。例如，人眼看到的颜色和相机拍摄的颜色会有所不同。

　　在太阳系中，4颗内行星是岩石质行星。水星表面主要是硅酸盐岩，类似于月球，因此水星也是灰色的。金星表面有浓密的大气，含有二氧化碳、二氧化硫，在可见光波段，我们无法看到金星的固体表面，金星大气中的硫酸颗粒让金星看起来是淡黄色的，并且边缘不清晰。地球的颜色丰富多彩，有陆地的褐色、绿色和白色，也有海洋的蓝色，大气中的云又添上了白色。火星是红棕色的，在两极有白色的极冠。火星表面含铁较多，风化形成了氧化铁，可以说，我们看到的火星的颜色就是铁锈的颜色，在地球上看火星的红棕色也是非常明显的。近期也有研究表明火星的红棕色是水铁矿导致的。

　　太阳系的4颗外行星都是巨行星，主要由气体组成。木星大部分是橙色的，表面有很多白色云带。木星大气的主要成分是氢和氦，这两种成分通常没有颜色，一般认为木星的橙色来源于硫化氢、氨，云带的白色是氨导致的。土星是淡黄色的，土星大气的主要成分也是氢和氦，通常认为是氨产生了这种淡黄色。天王星和海王星都是淡蓝色的，这种淡蓝色来源于大气中的甲烷云。

　　太阳系行星的颜色是在太阳光照射下的颜色。如果太阳是一颗大质量恒星，那么它的表面温度会更高，发出的光会有更多蓝光甚至紫外光。可以想象，太阳系内原本蓝色的行星会变得更蓝，而原本红色、黄色和橙色的行星颜色会变淡。如果太阳是一颗比现在质量更小的恒星，那么它的表面温度较低，发出的光会偏红。太阳系内所有的行星都会带上一抹红色。原本红色的火星会变得更红，黄色的行星会变为橙色，而蓝色的行星可能会变暗。

如果考虑到仪器响应的不同，行星颜色的问题就更复杂了。不同的人对颜色的感觉会有不同，不同的仪器也是同样的道理。有的仪器对可见光敏感，有的仪器对紫外线敏感。我们经常可以看到很多颜色鲜艳的行星照片，比如"彩色"的水星图片。这些照片通常是经过处理的伪彩色图，在可见光照片上叠加了某些不可见波段仪器的观测结果（用某种颜色表示），目的是把行星的某些特征凸显出来。在这样的伪彩色图上看到的行星颜色不是我们在可见光波段实际看到的颜色。

水星

金星

地球

火星

木星

土星

天王星

海王星

24 冥王星为什么不再是行星

　　人类对宇宙的认识是逐渐完善的。在最早的认识中，"天"和"地"是割裂开的。"盘古开天地""天圆地方"，天和地是完全不同的概念。在地球上最容易观察到的7个天体中，除了太阳和月亮，其余5个都是行星。这5颗行星就是金星、木星、水星、火星和土星。在这个阶段，人类并没有把地球归为一颗行星。

　　直到确立了日心说，人们认识到地球和其他行星一样围绕太阳运动，地球才真正被认为是一颗行星。随着望远镜的发明和天体力学的发展，威廉·赫歇尔发现了天王星，而于奥本·尚·约瑟夫·勒维耶（Urbain Jean Joseph Le Verrier）基于天王星轨道的异常，通过计算预测了海王星的位置，最终被观测证实。此后，1930年，克莱德·威廉·汤博（Clyde William Tombaugh）借助闪光比较仪比较了不同时间拍摄的同一天区的照片，最终发现了冥王星。此时，冥王星被归为太阳系第九大行星。但是和其他行星相比，冥王星显得有些与众不同。

　　太阳系中的八大行星，除水星外，轨道都接近于圆形，并且大致都在黄道面附近。然而，冥王星的轨道偏心率达到0.25，并且和黄道面的夹角达到17°。更为奇特的是，冥王星轨道与海王星轨道是相交的，所以有时候冥王星和太阳的距离比海王星和太阳的距离还近。冥王星还有一颗半径达到其一半的卫星，

冥王星

二者看起来就像一个双星系统。

从这些特征来看，冥王星和八大行星是很不一样的。有模型提出，冥王星是海王星形成时被甩出的物质形成的，这样可以解释二者轨道相交的观测事实。虽然如此，在很长一段时间内，冥王星还是被认为是一颗特立独行的行星。因为这个时期，我们不知道太阳系中其他同等大小的天体。

21世纪最初几年，天文学家陆续发现了阋神星、鸟神星、妊神星，这些天体都位于太阳系边缘的柯伊伯带中，大小和冥王星相当。冥王星和它们看起来就是一类天体。如果冥王星被归为行星，那么这些新发现的天体是不是也应该被归为行星？在只知道冥王星的时候，把特立独行的冥王星归为行星尚且合理。但如果已经发现了和冥王星类似的一类天体，再把它们归为行星就不合理了，因为它们明显是一类与行星不同的天体。

所以，2006年国际天文学联合会大会对这个问题进行了表决，不再将冥王星归为行星。天文学家重新对行星进行了定义：行星指的是绕恒星公转、有足够大的自引力克服固体应力达到流体静力学平衡形状（也就是接近球形）、能够清除轨道附近其他天体的星体。

冥王星虽然满足前两个条件，但它位于柯伊伯带边缘，周围有很多其他小天体，所以它不满足第三个条件，因此被归为新划分的天体类别——矮行星。小行星带中的谷神星以及柯伊伯带的阋神星、鸟神星、妊神星等天体都被归为矮行星。

部分矮行星

25 地球极光是如何产生的，其他行星上有极光吗

极光是太阳风中的带电粒子沿地球磁力线集中到达地球南北两极后，与地球高层大气中的原子碰撞产生的。这样产生的极光通常呈现为可见光。广义来讲，来自太阳风的带电粒子在地球磁场中运动产生的辐射也可以看作极光。这样的极光通常表现为射电波。

地球上的极光通常只能在地球的高纬度地区看到，在低纬度地区非常罕见。这是为什么呢？地球磁场是偶极磁场，就像一个大磁铁产生的磁场，磁力线连接南北两极。太阳风中的带电粒子进入地球磁层后，沿磁力线运动，到达高纬度地区。通常情况下，太阳风中的带电粒子能量不足以穿透地球磁场到达低纬度地区，所以通常只能在高纬度地区看到极光，而在低纬度地区很少能看到极光。只有在太阳活动强烈的时候，低纬度地区才有可能看到极光。按照这个物理模型可以知道，太阳风中的带电粒子会集中在一个特定的纬度范围内进入地球大气层。所以，地球上最容易产生可见光极光的区域是高纬度的环形区域，这个区域就在北极圈和南极圈附近。在纬度更高的地方，看到极光的机会反而变少了。

在地球大气的不同高度，带电粒子和原子碰撞激发不同的能级，产生不同波长（也就是不同颜色）的光。红色的极光是由带电粒子激发 $300 \sim 400$ km 高度的氧原子产生的。绿色的极光是带电粒子激发 $100 \sim 300$ km 高度的氧原子产生的。我们看到的极光大部分是红色和绿色的。蓝色和紫色的极光相对少见，因为这两种颜色的极光是由带电粒子激发 100 km 以下高度的氮原子产生的。太阳活动强的时候，更容易产生这两种颜色的极光。有时候我们还能看到黄色和粉色的极光，这通常是红色极光和绿色，蓝色的极光混合产生的。因为红色极光的高度最高，所以可以在更广阔的地区看到红色极光。2023 年和 2024 年太阳爆发时，我们在北京靠北的地区能看到的极光就是靠北边地平线上的一抹红光。

产生极光的条件在其他行星上也可能存在。木星也有磁场和大气，太阳风

粒子进入木星磁场也会集中到木星的两个磁极，和原子碰撞，产生极光。哈勃太空望远镜（Hubble Space Telescope，HST）和韦布太空望远镜已经分别观测到了木星的远紫外波段和近红外波段的极光。我们也探测到了来自木星的射电辐射，其中也包含了射电波段的辐射。

可以想象，在其他恒星周围的行星上也会有磁场和大气，恒星风中的带电粒子沿行星磁场进入两极，和大气相互作用，也会产生极光。有研究表明，系外行星上的极光可能比地球上的极光强几个数量级。观测这些极光是一种潜在的发现系外行星、研究恒星风和行星相互作用的重要方法。现在天文学家已经在射电波段对系外行星系统进行观测，未来很有希望在射电波段首先探测到系外行星的极光。

近红外波段的木星极光（来源：韦布空间望远镜）

远紫外波段的木星极光（来源：哈勃空间望远镜）

26　地球生命是如何产生的

　　生命是一种远离平衡态的耗散结构，一个最基本的特点就是可以繁衍。考虑到最早的机器也是人类制造的，所以在此不把能自己制造机器的机器归为生命，只考虑自然存在的生命。根据地质历史和古生物研究，我们知道生命演化的大趋势是从简单到复杂。可以确信，高等动植物是从低等的生命演化而来的，而不是来自地外天体。大气层外的太空充满致命的辐射，高等生命无法存活。地球上生命力最顽强的动物——水熊虫可以在太空中存活一段时间。根据最新研究，即使是那些生命力最顽强的生物也无法搭乘陨石来到地球。当陨石进入大气层时，与大气摩擦产生的高温和巨大冲击力会摧毁它们。所以，地球上的生命本身不太可能来自地球之外。但是，地球上的生命种子可能来自地球之外，在星际介质中可以观测到多种有机分子，在陨石中也可以找到多种有机分子。

米勒实验

　　通常认为，地球和月球形成之初经历过猛烈的撞击，撞击的能量使得地球处于熔融状态。在这样的状态下，地球上的铁和其他较重的元素沉入地核。很难想象能有什么有机物能在这种状态下留存下来。地球表面冷却后，陨石不断从太空中将有机分子和水带到地球表面。当地球表面积累了足够多的水，就开始有了水循环，有了蒸发和降雨。曾经有一个时期，地球上的降水量非常大，因而也产生了很多闪电。有一种观点认为，在闪电作用下就能形成生命所必需的氨基酸。20世纪50年代，米勒的实验证明，原始地球的还原性大气（缺少氧，主要含有氢、氦、甲烷和氨）经过长时间放电作用可以产生某些氨基酸。受到米勒实验的启发，科学工作者后续做了一系列实验，证明在原始地球的条件下，借助紫外线和伽马射线照射，可以合成很多种生物小分子。

早期的理论认为，生命起源于海洋。但是根据上面这些实验，海洋中缺少放电过程、紫外线辐射和伽马射线，缺少生成生物小分子的条件。根据上面这些实验的结果，生命有可能起源于陆地和海洋交界的海岸带的浅水区域，这里既有生命所需的水，也有大气中的放电过程以及宇宙线的照射，这里是最有可能产生早期生命的区域。事实上，最古老的生物化石——叠层石就是在浅水环境中形成的。这种化石是由蓝细菌胶结沉积物形成的。最古老的叠层石可以追溯到35亿年前，所以地球上的生命至少起源于35亿年前。

这些最初的生命在浅海形成后，容易随着海水的流动散布到海洋中。在海洋多样化的环境中，生命逐渐分化，逐渐变得复杂，产生出不同物种。同时，在海岸附近潮间带生活的生物随着月球潮汐作用的减弱而演化为陆生生物，生物从此在陆地上散播开来。陆地环境也随着陆生生物的到来而发生变化。

叠层石

中国山西五台山地区滹沱群叠层石

27 太阳对地球有什么影响

太阳是距离地球最近的恒星，也是太阳系内最大的天体。太阳质量占太阳系质量的比例超过99.86%，太阳系的行星和太阳相比都是"小不点"。在太阳引力的作用下，行星围绕太阳公转，地球也不例外。行星轨道运动主要受到太阳影响，行星之间的影响都是小扰动，所以行星轨道在很长时间内都会保持稳定。

地球上潮汐的主要贡献来自月球，但太阳对地球也有潮汐作用。在新月和满月时，太阳和月球的潮汐作用叠加，这个时候的潮位比其他时候要高。

太阳作为恒星，通过核心的核聚变反应产生能量，发光发热。阳光照亮了行星，让我们在地球上可以看到它们；阳光照亮了月球，让我们拥有了明月；阳光温暖了地球，让万物得以生长。地球上大部分生命都直接或间接地依靠太阳的能量而生存。人类文明也建立在太阳能量的基础之上。人类社会消耗的煤、石油和天然气等化石燃料大部分来自远古生物，这些生物将太阳能转化为有机物，最终形成了化石燃料。此外，太阳能光伏发电、水力发电、风力发电等新能源都在直接或间接地利用太阳能。可以说，没有太阳，就没有地球上的大部分生命和当前的人类文明。

太阳是一个气体球，中心温度高达15 000 000 K，表面温度达到6000 K，处于最外层的日冕温度达到数百万开尔文。在热压力的作用下，太阳物质不断向外抛射，形成了持续的太阳风。太阳风携带大量带电粒子，当这些粒子沿地球磁力线进入地球磁层，会在地球两极形成美丽的极光。

太阳大气中充满了等离子体，有活跃的磁活动。磁场位形的变化在太阳上产生了太阳黑子、太阳耀斑，也会产生日冕物质抛射，将大量等离子体抛射到空间中，产生高强度的带电粒子流。如果抛射的物质朝向地球，那么当这些物质到达地球时，地球的电离层和磁场会受到剧烈扰动，会影响地球上的无线电通信。如果太阳活动很强，日冕物质抛射的规模很大，地磁场受到的扰动可能会在地球上的电网中感应出很大的电流，从而影响电网的稳定运行。

很长时间以来，人们发现地球上的气候与太阳活动有相关性。近年来，理论和实验部分地证实了这一点。理论上，来自宇宙深处的高能宇宙线能够穿过地球磁场进入地球大气，这些宇宙线和大气相互作用产生很多次级粒子，这些粒子充当了大气中的凝结核，有利于云的形成。太阳活动有 11 年的周期，当太阳活动增强时，太阳发出的粒子增多，这些粒子会和宇宙线相互作用，阻止它们进入地球大气，于是大气中的凝结核会减少，从而使得大气中的云量减少。相反，当太阳活动减弱时，太阳发出的粒子减少，此时会有更多宇宙线进入地球大气，使得大气中的凝结核增加，从而导致大气中的云量增加。太阳就是通过这样的过程影响了地球大气中的云量，从而影响了地球气候。

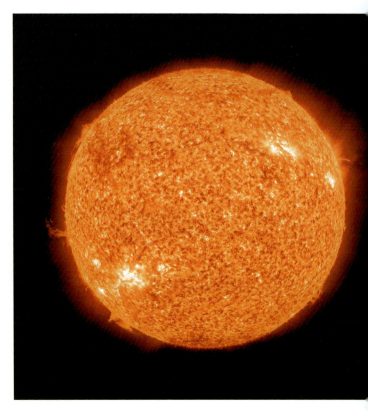

太阳

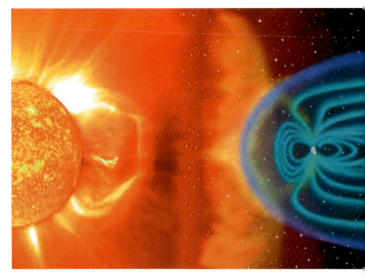

太阳风和地球磁层

28　你不知道的地球、月球天文参数

太阳系中靠内的 4 颗行星中，水星和金星没有卫星，地球有 1 颗卫星，火星有 2 颗卫星。其中，地球的卫星——月球是最为特别的。地球的半径大约为 6400 km，月球的半径大约为 1737 km，大约是地球半径的 1/4，这个比例比通常意义上的卫星要大得多。地球和月球看起来更像是一个双天体系统，有时候称为地月系统。

月球围绕地球运动，其轨道面称为白道面。在不同轨道相位，由于视线和阳光入射方向夹角的不同，我们能看见月亮不同的样子，也就是月相。我们每

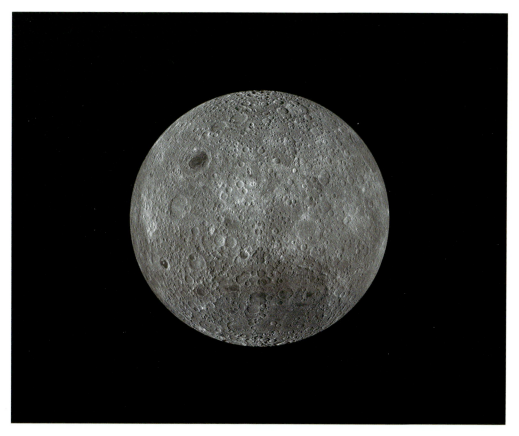

月球背面

个月都能看到满月，这说明白道面和黄道面接近共面。想象一下，如果白道面和黄道面垂直，那么我们不会每个月都看到满月；如果白道面和黄道面共面，那么我们应该每个月都看到一次日食和一次月食。事实上，白道面和黄道面的夹角大约是5°，所以日食和月食不是每个月都发生。

因为月球绕地球公转的轨道周期和月球的自转周期相同，所以我们在地球上看到的月球总是同一侧面。这是潮汐作用导致的结果，称为潮汐锁定。在月球朝向地球的一面，我们可以看到环形山和月海。环形山是陨石撞击月球留下的，而月海是岩浆流出后凝固形成的，因为颜色较深，看起来像是海面，所以称为月海。月球背向我们的一面和朝向我们的一面很不相同，布满了环形山，因为陨石更容易撞到这一面。从月球环形山的数量可以估计，曾经撞击地球的陨石数量也非常多。但由于地球上风化作用强，如今只剩下少量陨石撞击的痕迹了。

从月震数据分析可以得到月球内部的结构，像地球一样，月球内部也有金属月核、月幔和月壳。朝向地球一面的月壳比背向地球一面的月壳薄，目前还不清楚原因。对月球岩石元素丰度的分析发现，月球的大部分元素的丰度和地球非常接近，但是缺乏铁元素。前面已经讲过，地球和月球是原始地球和另外一颗行星碰撞形成的，碰撞溅射出的表层碎片重新凝聚成了月球，而两颗行星的核心以及部分表层物质凝聚成了地球。因为铁元素较重，大部分都位于行星核心，而行星表面物质中铁元素较少。由于月球是行星表面物质凝聚形成的，因而缺少铁元素。

月球和地球的距离大约是380 000 km，由于潮汐力的作用，这个距离每年会增加大约4 cm，所以月球和地球的距离曾经非常近，这也符合大碰撞假说。今天的地月距离产生了一个巧合，月球的张角看起来和太阳一样大，所以在地球上能看到日全食，月球刚好把太阳挡住。目前，这在太阳系其他行星上都是不可能看到的。未来，地月距离增大以后，我们也就看不到日全食了。

月球地质图见本书最后附录 I 。

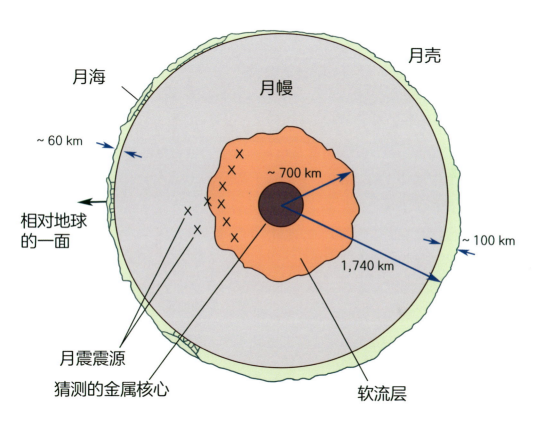

月球内部结构

29 地基天文观测受哪些因素影响

按照望远镜所处的位置，目前的天文观测可以分为地面天文观测、空间天文观测和月基天文观测。地面天文观测是人类最早进行的天文观测，现在仍然是天文观测的主力。空间天文观测开始于20世纪下半叶，随着人类太空探索的脚步逐渐发展壮大。如今，人类尚未大规模开展月基天文观测。我国的嫦娥三号携带了一台望远镜着陆在月球表面，已经开始进行月基天文观测。未来，随着载人登月和月球基地的建设，月基天文观测将会得到很大的发展。

人类有数千年地基天文观测的经验。从成本上来说，地基天文观测也是最低的，目前最大口径的望远镜都是地基望远镜。但是地基天文观测有其局限性。地球大气只对部分电磁波是透明的。地球大气吸收了波长短于紫外线的电磁波，这保护了地球上的生命，但另一方面也使得我们无法在地面上进行紫外、X射线和伽马射线波段的天文观测。大气也吸收大部分红外波段的电磁波，所以大部分红外观测也无法在地面上进行。频率低于10 MHz的低频射电波会被地球的电离层反射，因此在地面上也无法进行相应波段的天文观测。

地基天文观测主要是射电天文观测和光学天文观测。近些年也开始在地面进行极高能伽马光子的观测，这些观测是通过探测极高能伽马光子和大气作用产生的次级粒子，从而反演出极高能伽马光子的入射方向、能量等信息。地球大气对频率10 MHz～10 GHz的射电波非常透明，这个波段的射电望远镜不受云和雨雪天气的影响，几乎可以全天候观测。不过，这个波段也是现代社会各种无线电信号所占据的波段。在这个波段中充满了广播、导航、移动通信、卫星通信的信号，对于射电天文观测来说，这些信号都是干扰。相比地球上人类活动产生的信号，天体的信号较弱，所以射电天文观测的一个关键就是减少射频干扰的影响。射电望远镜虽然不用建设在高山上，但也需要尽量远离城镇，周围能有山体遮挡从远处传来的无线电波。一些望远镜还在其周围设置了无线电宁静区，对电磁环境加以保护。

　　虽然大气对可见光是透明的，但大气对光学观测的影响仍然很大。对宇宙中大部分天体的可见光观测只能在夜间进行。白天的大气散射太阳光，导致整个天空都非常明亮，掩盖了大部分天体的可见光，因而白天无法进行观测。光学观测只能在晴朗的夜间进行，因为云会遮挡天体的可见光，这和射电观测不太一样。光学观测还受到大气湍流的影响。我们看到的恒星通常会闪烁，就是由大气中的湍流导致的。大气湍流导致星像变得模糊，为了得到好的观测结果，光学观测需要寻找视宁度好的台址。和射电观测一样，光学观测也会受到城市灯光的影响，所以光学观测的台址也需要远离城镇。

视宁度：评价观测台站在望远镜观测时间内观测条件的一种天文气候标度。视宁度的优劣取决于大气湍流的强弱。

位于夏威夷的莫纳凯亚山顶的光学、近红外望远镜

30 如何证明地球在自转

　　太阳东升西落，夜空斗转星移，我们无疑看到了转动。但是，到底是天空在转动，还是地球在自转，这并不容易回答。首先，转动和平动不一样，不是完全相对的。物体的转动是有明确的物理效应的，比如可以感受到离心力以及其他一些效应。这些效应本质上都是因为转动不是惯性运动。那么古人为什么没有认识到地球在自转，而是认为天空在转动呢？一个可能性是地球转动的角速度和生活中常见的转动相比要慢得多，所以不容易感知。另一个可能性是古人不知道地球只是宇宙中的一颗普通行星，而是认为地球是宇宙的中心，进而认为天空在转动，这就是所谓的"地心说"（古人可能没有考虑地球和天空一起在转动的可能性）。

　　随着天文观测的发展，用地心说解释行星运动变得越来越复杂。随着尼古拉·哥白尼（Mikolaj Kopernik）提出日心说，约翰尼斯·开普勒（Johannes Kepler）提出行星运动三定律，指出行星轨道是椭圆，人们才抛弃了地心说，接受了日心说。一旦接受了地球不是宇宙的中心，也就不用认为天体围绕地球转动了。在这个新的理论框架下，引入地球自转就是很自然的事了。使用行星围绕太阳运动的模型，结合地球自转可以很好地解释观测到的天体运动。这可以算是对地球自转的间接证明。

　　前面提到，地球转动不是惯性运动，通过一些物理效应可以证明地球自转。以地球为参考系，在地球上运动的物体会受到科里奥利力。在北半球，河流中的水会向右偏

科里奥利力：简称"科氏力"，是对旋转体系中进行直线运动的质点由于惯性相对于旋转体系进行的直线运动时产生轨迹偏移的现象描述。

转，所以理论上河流的右岸会受到更严重的侵蚀。但实际情形却是，影响河岸形态的因素很多，很难明确观察到这种效应。在地球大气中会有气压起伏，低气压区域周围的气体向这个中心区域流动，在流动过程中由于科里奥利力的作用往一个方向偏转，形成气旋。北半球的气旋逆时针转动，南半球的气旋顺时针转动。这个效应是可以明确观察到的。这个效应在水池放水时形成的漩涡中也可以看到，但是这样的漩涡受到的影响因素较多，不一定符合理论预期。

北半球的气旋

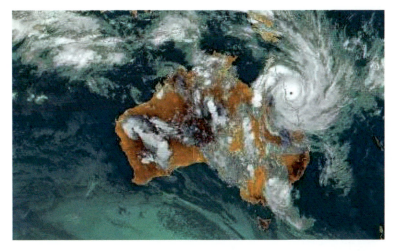

南半球的气旋

可以明确证明地球自转的物理实验就是傅科摆，这个实验是莱昂·傅科（Léon Foucault）于1851年在巴黎完成的。傅科摆摆长较长，能量耗散速率较慢，可以长时间摆动。由于惯性，傅科摆的摆动面相对于惯性系应该保持不变，因为地球在转动，所以傅科摆的摆动面会相对于地面转动。有兴趣的读者可以到上海天文馆看一下傅科摆。

傅科摆

证明地球在自转的更为有力的方法就是离开地球，从地球外面观察地球。地球的自转已经被无数远离地球的卫星和探测器证实。远离地球的探测器运动速度较慢，接近于惯性参考系，这些探测器可以观测到地球的自转。月球自转以及绕地球公转的角速度较小，在月球上也能更明显地看到星空是接近静止的，而地球在转动。这样就明确地证明了地球上看到的"斗转星移"是地球自转导致的。

地球公转、自转的速度恒定吗

长期以来，人类的时间系统都与地球自转和公转、月球绕地球的公转有紧密的联系。地球自转 1 周为 1 天（当然，最早的时候人们没有认识到地球自转），月球绕地球 1 周为 1 个月（最早是用月相变化来定义 1 个月），地球绕太阳公转 1 周为 1 年（最早是根据正午太阳高度的变化来定义 1 年）。天文观测给出的时间被称为世界时（民用时）。随着科技的发展，人类发展出了不依赖于天文观测的时间标准，例如由原子钟给出的原子时。如今，原子时的精度和稳定度都远远超过了世界时。

我们经常可以在新闻中听到"闰秒"的概念。因为地球自转不均匀以及长期变慢的趋势，世界时和原子时之间的差距会接近 1 s，为了保持协调世界时和世界时的一致，会在协调世界时中增加或减去 1 s，这就是闰秒。所以，很明显，地球的自转速度不是恒定的。长期来看，由于月球的潮汐作用，地球的自转速度会变慢。地球自转的角动量会通过潮汐作用传递到月球的轨道运动中。月球轨道半径每年大约增大 4 cm。平均而言，地球自转周期每个世纪会变长 1.8 毫秒。回溯，地球自转速度比今天快。在地质记录中可以看到，在 10 亿年前，一年有 540 天，每天只有大约 15 h。相比地球自转周期，地球公转周期是更稳定的，所以可以用地球公转周期推算远古时期每天的长度。

虽然长期来说地球公转周期变化不大，但地球绕太阳转动的轨道是椭圆的，所以地球绕太阳公转的速度不是恒定的。在日地距离较小时，公转速度较快；在日地距离较大时，公转速度较慢。观测正午时太阳的位置就可以发现，太阳并不总是处于中天的位置，如果把一年中正午太阳的位置叠在一张图上，太阳会呈现出一个"8"字形。另外，地球轨道运动还受到其他天体的摄动，轨道参数会有波动，因而轨道运动速度也会有波动。

在太阳系形成之初，天体碰撞频繁，行星之间也可能有物质交换，这个时期的地球轨道可能有频繁的变化，因此公转速度不是恒定的。按照目前公认的

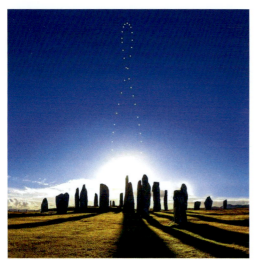

一年中正午时分太阳的位置

地月系统形成模型，原始地球的轨道可能和今天不同，公转速度的差别也很大。

今天，地球轨道上的小天体已经很少，天体碰撞活动已经不强烈了，地球受到的流星体撞击对轨道运动的影响很小。未来，随着地月距离增大，月球可能脱离地球引力，那时地球轨道可能会发生较大变化。另外，到太阳接近死亡的时候，太阳会膨胀，吞没地球。一方面，地球受到的太阳引力减小；另一方面，地球在太阳外层物质中穿行，轨道也会发生很大的变化。

太阳演化到晚期会膨胀变为红巨星，最终抛射外层形成行星状星云

32 地球的北极并非永远指向北极星吗

　　从长时间曝光拍摄得到的星轨照片可以发现，地球在自转，目前地球自转轴指向北极星附近。我们可以将自转的地球看作一个大陀螺。观察陀螺转动可以发现，陀螺的自转轴方向是比较稳定的，但这个方向也不是完全不变的。如果受到力矩的作用，陀螺的自转轴会围绕另一根轴转动，这种运动称为进动。进动周期通常比自转周期长得多。

星轨

　　具体到地球，因为地球不是完美的球体，它会受到太阳和月球引力产生的力矩。在这个力矩的作用下，地球的自转轴会绕垂直于黄道面的轴进动。也就是说，地球自转轴会在一个顶角为47°的圆锥面上运动。地球自转轴进动的效应难以被直接观察到，需要较长时间的观测才能被发现。

地球自转轴的进动会导致赤道面和黄道面交点的变化，也就是说，春分点会变化。这种效应叫作岁差。公元前150年前后，古希腊天文学家喜帕恰斯比较了他观测的星表和前人的星表，发现恒星位置有系统性的偏差，由此发现了岁差。天文学家在此基础上才逐渐认识到地球自转轴的进动。

目前地球自转一周需要大约24 h，而地球自转轴进动的周期大约为26 000年。简单来说，地球自转轴指向天空的位置每年会移动50.3″。可以想象，几千年前，如果那时也有北极星，那么那时所说的北极星和今天我们所说的北极星一定不是同一颗。我们今天有一颗北极星是一种幸运，因为地球北极并不总是指向一颗亮星。

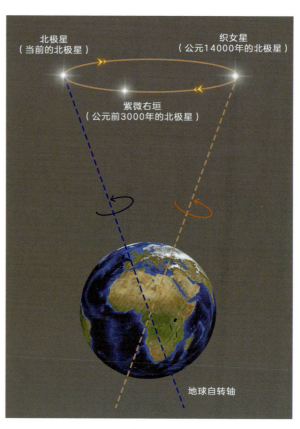

地球自转轴进动

600多年前，郑和下西洋的时候，今天的北极星与地球北极尚有一定距离，但或许已经开始被用作北极星了。不过，可以想象，那时用北极星导航还需要做一些修正才能找到真正的正北方向。随着地球自转轴的进动，地球北极最终会逐渐远离北极星，数百年后，今天的北极星就不再是北极星了。从地球北极在天球上的轨迹可以发现，在10 000年后，地球北极会指向织女星附近。到那个时候，织女星或许会变成那个年代的"北极星"。

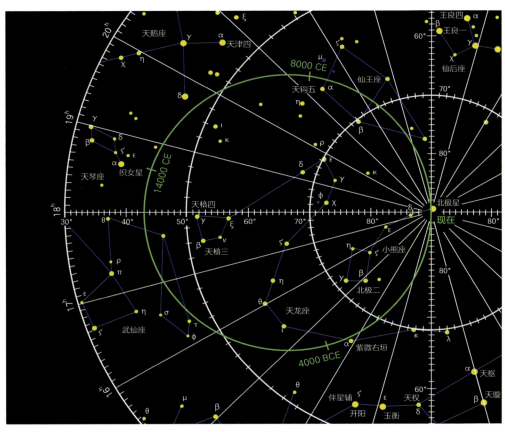

北天极变化

　　对于现代天文观测来说，地球自转轴进动每天的变化产生的影响都需要考虑，否则就无法实现望远镜的指向。在给出天体坐标的时候，都需要指定历元，也就是要说明给出的坐标是什么时候的坐标。望远镜实际观测的时候需要根据这个历元的坐标，考虑地球自转轴进动，计算当前时刻天体的坐标，然后根据当前时刻的坐标对天体进行观测。

　　在FAST巡天观测中，有一种中星仪扫描模式，保持望远镜不动，依靠地球的转动实现对天空的扫描。因为地球自转轴进动，每天的扫描线是不平行的，所以如果要间隔几年再重复观测，无法完全重复之前扫描观测的扫描线。为了解决这个问题，FAST发展了一种稍作修改、沿固定扫描线扫描的模式。这样，即使间隔几年，扫描观测也可以重复之前的扫描线。

33 如果没有月球，地球会怎样

目前，月球是地球唯一的天然卫星。在太阳系八大行星的卫星中，月球的半径不是最大的，但月球是与其所属行星相比相对大小最大的卫星。月球的半径大约是地球的1/4。火星只有2颗很小的卫星。而木星虽然拥有比月球半径更大的卫星，但木星本身很大，所以其卫星的相对大小比例远小于月球相对于地球的。

因为这个原因，加上月球和地球距离很近（只有 380 000 km 左右），月球对地球的影响很大。月球的潮汐力导致了地球每天2次的涨潮和落潮。如今月球被潮汐锁定，使其自转角速度和轨道角速度相等，所以月球总是以同一面面对地球，我们从地球上看不到月球背面。地球就像一个转动的陀螺，虽然自转轴方向相对稳定，但和通常的陀螺一样，其自转轴方向也会受到扰动。虽然月球没有像鞭子抽陀螺那样使地球越转越快，但月球对地球自转来说还是起到了稳定器的作用。地球自转方向因为月球的存在而可以长时间稳定，这使得地球上有稳定的四季，地球上的生命得以繁荣，人类文明得以延续。

月球

从月球上看地球

地球有潮汐现象，月球产生的潮汐力做出了主要贡献。因为地球自转速度比月球绕地球公转的速度快，所以通过潮汐作用，地球自转的动能会转移到月球的轨道运动，月球轨道半径因此每年大约增大 4 cm。所以，地球自转会越来越慢，而月球轨道半径逐渐增大，月球在几十亿年后可能会逐渐远离地球。

历史上，英国天文学家乔治·达尔文［George Darwin，生物学家查尔斯·达尔文（Charles Darwin）的儿子］倒过来考虑这个过程，得到了一个有趣的结论：随着时间回溯，地球自转越来越快，月球轨道越来越小，当地球自转周期为 6 h 时，月球就和地球接触了。所以他推测，月球是地球的一部分被甩出去形成的。

虽然乔治·达尔文的推测很合理，但这不是唯一的可能性。有模型提出，月球和地球是同时形成的。如果是这样，那么月球和地球应该有相同的成分。也有模型提出月球来自别的地方，被地球捕获的。如果是这样，那么月球和地球的成分可能差别很大。这个模型的主要问题在于，在没有气体耗散的情况下，地球是很难捕获月球这么大的天体，因为月球的动能很大。

后来，科学家测定了来自月球的陨石以及登月带回的月球岩石的元素丰度，发现除了铁以外，月球的元素丰度和地球接近。这个结果进一步表明地球捕获月球是不太可能的。但是，因为月球的元素和地球的元素不完全相同，二者也不可能是同时形成的，所以，乔治·达尔文的模型也说不通。

后来，天文学家发展了乔治·达尔文的模型，提出，月球确实是从地球表面分离出去的物质形成的。但这些物质并不是由离心力甩出去的，而是原始地球被另一颗行星撞击时飞散出去的。对于行星来说，大部分铁元素都沉降到了核心，所以表面的物质缺乏铁元素。在撞击时，飞散出去的是 2 颗行星表面的物质，这些缺乏铁元素的物质形成了月球，而最终留下来的物质形成了今天的地球。这就自然地解释了为什么除了铁元素，月球和地球的元素丰度很接近。

撞击模型结合了之前各个模型的优点，解释了现有的各种观测事实，目前被认为是最可能的月球起源模型。所以，从某种意义上来讲，也可以认为今天的月球和地球是同时形成的，是在那次撞击之时形成的。

1 大约45亿年前，地球被一个火星大小的天体忒伊亚撞击。

2 撞击产生了大量热量，来自忒伊亚和地球的大量碎片被抛入太空。

3 碎片在绕地球转动时聚集在一起。

4 月球就是由这些碎片形成的。

月球的碰撞起源

　　月球上没有大气，没有天气活动，陨石坑都能长期保存下来，所以月球对于研究行星形成的历史是很有价值的观测对象。而且，因为月球几乎没有磁场，太阳风粒子可以直接撞击月球表面，最终沉积在月壤中。月壤中富含 ^{3}He 同位素，这是未来解决能源和材料问题的一个富矿。

　　作为距离地球最近的天体，月球上可以建设人类的第一个永久性月球基地，为人类探测更远的深空天体提供一个实验室和跳板。月球也是适合进行各波段天文观测的理想地点。由于月球没有大气，也没有明显的电离层，几乎所有波段的辐射都可以到达月球表面，因此可以在月球上建立覆盖整个电磁波谱的观测站，对天体进行全波段观测。

　　如果没有月球，那么地球上的潮汐将会减弱，只有太阳产生的潮汐，地球表面的水汽和热量传递模式可能发生剧变，从而出现更加极端的气象、气候现象。而地球的自转轴可能变得不稳定，地球上的四季不会再像现在这样稳定。人类也失去了探索太空的最近的基地。

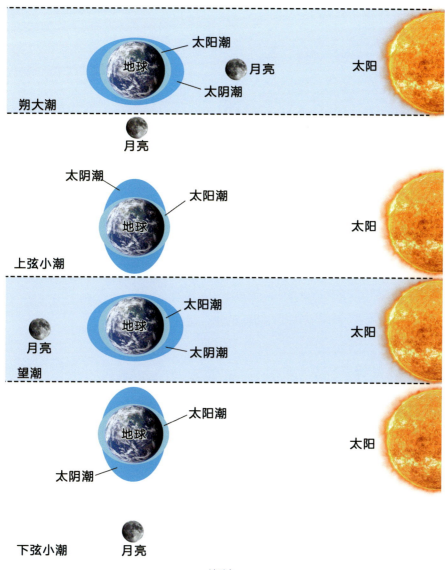

朔大潮

太阳潮
地球
月亮
太阴潮
太阳

月亮

太阴潮
太阳潮
地球
上弦小潮
太阳

月亮
太阳潮
地球
太阴潮
太阳
望潮

太阳潮
地球
太阴潮
太阳

下弦小潮　月亮

潮汐

34 月球升起来的时间为什么每天在变

太阳东升西落，斗转星移，月球在天空中相对于太阳的位置每天都在变化。在地心说框架下，斗转星移是天球转动造成的，而太阳、月球以各自的轨道绕地球运行。在这样的框架下，月球相对于太阳的位置每天在变，并没有什么特别原因。现在我们知道，太阳东升西落、斗转星移这些现象都是由地球自转导致的。同样的道理，地球自转也导致了月球东升西落。受到季节变化导致的太阳高度的影响，太阳每天升起的时间在变，但基本在正午到达上中天（由于公转速度不均匀，实际上中天时间和正午也有差别）。和太阳类似，月球升起的时间也受到月球轨道的影响。排除这个影响，我们可以先问这些问题：月球到达上中天的时间为什么每天在变？为什么月球相对于太阳的位置每天都在变？

如果一个天体相对于地球保持静止，那么地球自转的结果是，地球每自转1周，这个天体上中天1次。远处的恒星相对于地球是近似静止的，所以地球每自转1周，远处的恒星上中天1次。地球自转1周的时间（恒星2次上中天的时间差）称为1个恒星日。太阳相对于地球不是静止的，地球在绕太阳公转。从太阳上中天位置开始，地球自转完1周，太阳相对于上中天位置还差大约$1°$，地球要多转大约$1°$（一年多转1圈，所以每天大约多转$1°$），太阳才能再次到达上中天位置。太阳2次上中天的时间差称为太阳日，太阳日比恒星日大约长4 min。每天大约差4 min，积累起来，每年大约差1天。生活中的1天是按太阳日计算的，1太阳日为24 h，1恒星日为23 h 56 min。

类似地，月球相对地球也不是静止的，月球每天大约向东运动$13°$。从月球上中天开始，地球自转完1周，月球相对上中天位置还差大约$13°$，还需要大约1 h到达上中天位置。所以，相对于太阳，月球每天偏东大约$13°$。近似来看，月球每天升起的时间也会晚大约1 h。如果定义一个"月球日"的话，那么"月球日"比恒星日和太阳日大约长1 h。

　　黄道面和白道面的夹角只有大约 5°。在农历初一的时候，月球在太阳的方向，此时为新月。月球此后每天向东运动大约 13°。到农历初八，月球在黄昏时位于上中天的位置，此时为上弦月。到农历十五，月球位于太阳的对侧，此时为满月。就农历十五而言，不同季节，月球升起的时间也不同。因为此时月球在太阳的对侧，所以太阳高度低的时候，月球的高度高。冬季农历十五的月球高度比夏季农历十五高，所以冬季农历十五月球升起的时间应该比夏季农历十五月球升起的时间早。

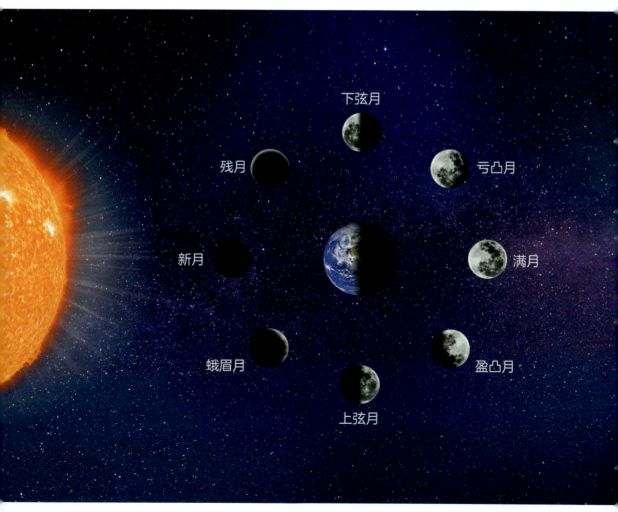

月相变化

35 月球什么时候从西方升起

由于地球自转，太阳东升西落，漫天繁星也是这样。那么月球呢？也是东升西落吗？在每个月的农历十五进行观察可知：满月的时候，月球大约在太阳落山的时候从东边升起，随着时间的推移，升到空中，午夜时达到最高点，到黎明的时候沉到西边。所以，月球也是东升西落的。

月球相对于太阳每天都往东偏，或者等价地说，月球每天升起的时间都推迟。这是因为月球绕地球转动的角速度比地球绕太阳转动的角速度大。需要注意的是，从太阳上中天开始，地球转动一周（360°）时太阳并不能回到上中天的位置，因为地球此时在公转轨道上向东转过了大约1°，所以地球还需要多转1°，太阳才能回到上中天的位置。从月球上中天开始，地球转动一周，月球也不能回到上中天位置，因为月球在绕地球转动的轨道上向东转过了大约13°，所以地球还需要多转13°，月球才能回到上中天位置。所以，从表观来看，月球相对于太阳每天都往东偏，但是这没有改变月球的东升西落。

东升西落的本质是地球自转角速度比公转（地球绕太阳的公转，月球绕地球的公转）角速度大。这里假设从西向东转动为正。由于潮汐作用，地球自转在逐渐减慢，月球公转轨道半径每年都会增大大约4 cm。过去，月球公转轨道更小，公转速度更快，但地球自转也更快，所以过去月球也是东升西落的。未来，地球自转变慢，月球公转轨道更大，公转也更慢。地球自转速度可能变得和月球公转速度一样，这个时候月球就不再升起和落下了。

在地球上看，有没有什么天体是从西边升起的呢？这样的天体应该从西向东绕地球转动，并且其角速度比地球自转的角速度大。在地球周围，目前没有什么自然天体满足这个条件。不过人类发射了大量人造卫星，人造卫星的角速度通常比地球自转角的速度大。这些卫星的轨道多种多样，当卫星自西向东运动时，我们就能看到它们从西边升起。事实上，中国空间站就是从西边升起的。

中国空间站

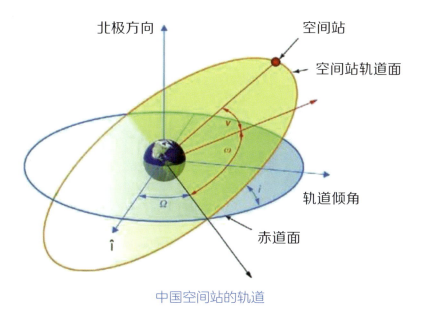

北极方向

空间站

空间站轨道面

轨道倾角

赤道面

中国空间站的轨道

36 为什么日食和月食不是每个月都有

月球围绕地球转动，我们时常听到"当月球位于太阳和地球之间时就发生日食，当月球位于地球背后时就发生月食"，这是很显然的道理。既然月亮每个月绕地球1周，似乎每个月都应该有1次日食和1次月食，但实际上日食和月食并没有那么多，这是为什么呢？

通常实际情况和理论预期不符，可能就是得到理论预期所用的假设有问题。如果预期每个月都有日食和月食，那么月球就应该每个月都能有一次处于太阳和地球连线附近的一个小区域内。要实现这一点，白道面就应该和黄道面接近共面（而不仅是平行）。

那么白道面和黄道面是不是共面的呢？首先，地球在黄道面内，而月球在白道面内，所以黄道面和白道面至少有1条交线。下面要回答的就是：黄道面和白道面的夹角是多少？黄道面和白道面会接近垂直吗？如果黄道面和白道面垂直，那么在某些月份，我们应该看不到月相变化，例如，在太阳和地球的连线垂直于白道面时，我们应该只能看到弦月。而实际上，我们每个月都能看到差不多的月相变化，这个观测事实告诉我们，白道面和黄道面的夹角不会太大。只有如此，我们才能每个月都看到满月。今天我们知道白道面和黄道面的夹角只有大约5°。

白道面和黄道面的夹角大于太阳对地球的张角（大约0.5°）和月球对地球的张角（0.5°）之和，也大于太阳对月球的张角（大约0.5°）和地球对月球的张角（大约2°），所以我们不会每个月都看到日食和月食。但一个显然的疑问是，既然如此，我们为什么还能看到日食和月食呢？不是应该看不到日食和月食了吗？

注意，白道面和黄道面有1条交线，这条交线的方向虽然会变化，但变化非常缓慢。所以，随着地球绕太阳转动，这条线每年会有2次指向太阳。当这条交线指向太阳时，月球就有机会运动到太阳和地球的连线上，这时就会发生日食或月食。据统计，在地球上，通常一年至少会发生2次日食，而月食可

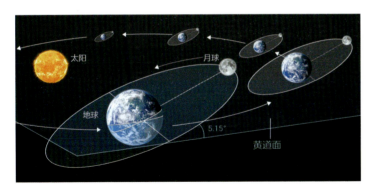

白道面和黄道面的夹角

能1次也没有，而最多的时候，一年有5次日食、2次月食，或4次日食、3次月食。但我们感觉日食的发生频率比这个统计结果低。这是因为，首先，地区上处于白天的一面才能看到日食。其次，能看到日食的"日食带"宽度很窄，"日全食带""日环食带"宽度更窄，所以地球上只有一部分地区能看到日食，能看到日全食的地区就更少。于是，同一个地方能看到日食的频次就低得多了。这就是为什么人们印象中日食是比较罕见的。因为地球影子较大，所以月食发生时，通常地球上黑夜一面的地区都能看到，这就使得我们印象中月食发生的频次比日食高。

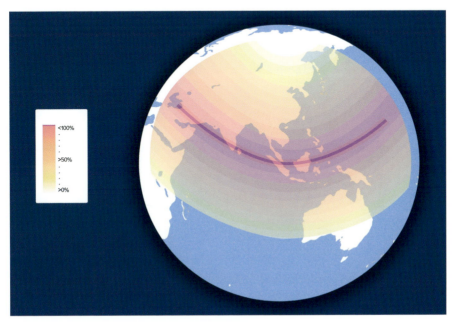

日食带

37 古人是如何观测地外天体的

在过去的几千年中的大部分时间里，人类能用来"看"的"工具"只有眼睛。光学望远镜在400多年前开始被用于观侧天空，而可见光以外的大部分天文观测则主要开始于20世纪。尽管如此，通过对天体的观察、测量和记录，无论是几百年前的欧洲还是几千年前的中国，都通过观测天体得到了宝贵的信息，为了解自然奠定了重要的基础。

一个可能被很多古书记载的故事是对大地的测量——这个实验或许被古今中外的先人们实践了多次。如果通过车马能测量出两个城市之间的距离，然后在同一时刻——往往是正午——测量地上垂直树立的标志物的影子或者垂直的水井中阳光的倾斜角度，并假设我们所在的大地是圆的，就能粗略地测量出地球的直径，从而得知其周长，进而计算出地球的大小。在通信异常发达的今天，读者不妨在同一时刻联系身处另一座城市的朋友

日晷

来重复这一实验：已知两地的距离，以及同一时刻太阳的位置差异，推算地球周长。

如果我们粗浅地认为古人的天文观测只是单纯地看看星星并记录下一些现象，那就大错特错了。无论古代的哪个文明，都有着将星空观测和生产生活联系起来的诸多故事。古埃及人能通过观察星空和日出的关系来判断尼罗河的涨水，中国古代的史官会将一些天象和政治事件相关联并一同记录进历史。这些宝贵的资料，有的甚至在现代天文学中都发挥了独特的重要作用。

15世纪以后有更多观测方法出现。据说天文学家第谷已经可以通过自己

的仪器实现角分级的测量精度。这样的测量精度可以准确地测量出各个天体的位置，描绘出行星在天空背景上的运动轨迹。作为日心说的一个重要证据，行星的顺行、逆行、留，也是需要这样高的测量精度才能实现的。另一个重要的事情是变星的观测。虽然那时候没有光电测量设备，但是有经验的观测者会通过对比周边星星的亮度差异来识别变星。

留：天文学名词，顺留和逆留的统称，指行星视运动时发生的停滞不动的现象。

几百年前，有了数学的帮助，观测天体会带来更多的信息。我们都知道天王星的发现可谓一波三折——虽然由于其有足够的亮度甚至在望远镜中已经能看到一个小圆面，但是许多观测者并不能识别出这是一颗行星而错过了发现的机会。海王星的发现则相反，是通过计算现有太阳系行星的观测位置误差推测出其位置然后再去寻找。结果就是，最终发现海王星的位置和通过数学推断的位置非常接近，使得海王星也被称为"笔尖上发现的行星"。同理，还有哈雷彗星回归的成功预测。

所以，虽然古人或许只有1双眼睛、1支笔、1张纸，但是他们凭借着智慧也开展了丰富而深入的天文观测。

38 我国古代最著名的重大天文事件是什么

　　说到中国古代的重大天文事件，当然要说蟹状星云！

　　在我国古代几千年的历史中，史书中翔实的天象记载，使得我国的天文学家有着比国外更丰富的观测资料。一个典型的例子是，《史记》中的《天官书》详细记载了从远古时代直到西汉的天象，相当于给后人一个回到西汉之前研究天文的机会。类似的故事数不胜举，其中最著名的就是蟹状星云及其中的脉冲星了。

　　脉冲星是快速自转的具有极高密度的天体，其半径为 $10 \sim 15$ km，自转周期的典型值是 1 s，最快的不到 1.4 ms。人们往往认为，它们是超新星爆发产生的。而超新星爆发是非常高能的天体物理现象。银河系内的超新星爆发甚至在白天可见。超新星是恒星演化中的重要一环，对超新星的研究有助于了解宇宙中重元素的起源和分布。然而超新星爆发是非常罕见的现象，在银河系中往往几百年才能发生一次，尤其是在现代天文学发展期间，我们可能遇到的最近的超新星是银河系邻近星系的超新星。因此，古书中的超新星爆发记录弥足珍贵。

　　超新星爆发的极亮阶段往往持续数十天至数月，光度堪比星系核心的总光度，因此银河系中的超新星爆发可以轻易被肉眼看到，甚至在白天都能被观测到。再加上我国有着悠久的历史和观测天象的传统，我们的先辈有条件观测天上出现的超新星爆发并记录下来供后人查阅。人的寿命不过百年，远远短于绝大部分天象的演化时间。因此，这些跨越千年的史书记录，是跨越时光的宝贵观测证据。

　　我国古籍中记录的超新星超过 10 颗，由于不同朝代对于天空区域的定位有差别，再加上记录的误差和遗漏，其中一部分即使使用现在的观测设备也无法验证。然而，在宋朝的一次记录，不但得到了准确的现代天文学观测验证，而且对于研究超新星爆发和遗迹演化起了非常重要的作用。

蟹状星云是位于金牛座的一个超新星遗迹，角直径大约 1′。超新星遗迹被认为是恒星在演化晚期从恒星向中子星甚至黑洞的演化过程中爆炸和抛出物质而产生的。现代天文学观测证实它正在逐渐膨胀。根据测量得到的膨胀速度并假设膨胀起源于爆炸，可以推断出膨胀起源于数千年前。射电天文观测发现并长期监测了位于其中心的脉冲星，并由此得出了类似的结论。

蟹状星云

有意思的是，根据蟹状星云的位置查阅古籍的记录，在宋仁宗至和元年，也就是公元1054年，有这样一次超新星爆发，位于相同的位置。这一宝贵的、跨越千年的记录，使得我们对这一超新星爆发的观测持续了千年。试想，这是一个始于我国古人的持续千年的观测，从宋朝的古人记录了这一次爆发，直到现在我们使用各种各样的望远镜持续观测。这一持续千年的观测为研究大质量恒星演化、脉冲星的诞生和辐射机制、超新星爆发等提供了独一无二的宝贵信息。

　　我们现在知道，此时此刻组成我们的重元素，如碳、氧、硫、磷，都来自大质量恒星，而在我们日常生活中起着重要作用的铁、铜、金等更是只能来自大质量恒星和超新星爆发。组成我们的这些元素产生于像蟹状星云这样的爆发。因此，古书中的记载不仅仅是重要的天文学记录，更是我们向着自己和太阳系起源的回望。

　　随着天文观测设备的不断建造，我们相信，更多古书中的记录将不断被验证，为我们开展天文研究带来更多有用的信息。

39 我国古代有哪些著名的天文学家

　　天文学在我国有悠久的历史。从有文字记录以来，天象和历法就是历史记录中重要的内容。天文观测事关历法的制定，可以指导人们的生产生活。古人也相信，天象和国家的命运密切相关。天文观测是古代一项重要的事业。我国历史上出现了很多有代表性的天文学家。

　　上古时期的天文学家已经不可考证，但也留下了羲氏、和氏擅长观测四时星象的传说。至先秦时，出现了天文学家甘德和石申。这两位天文学家各自对全天恒星进行了划分，编制了星表，后世通常把他们的著作合起来称为《甘石星经》——这是世界上最早的星表。这本著作中记录了 800 颗恒星的名称，测定了其中 121 颗恒星的位置。甘德是齐国人，石申是魏国人，他们建立了各自的全天恒星区域命名系统。首先给出星官的名称和恒星数，再指出星官之间的相对位置，以此对全天恒星的分布和位置给予定性描述。甘德对行星运动进行了长期观测，发现了火星和金星的逆行现象。他还建立了行星会合周期（两次晨见东方的时间间隔）的概念，测定了木星、金星和水星的会合周期，并且给出了木星和水星一个会合周期内可见和不可见的时长。根据甘德讨论木星时所说的"若有小赤星附于其侧"，有人推断甘德用肉眼看到了木星最明亮的卫星——木卫三。而石申除了编制星表，还建立了坐标的概念，是最早测定黄赤交角的人。石申观测到了日珥，也留下了关于太阳黑子的记录。他还发现了月球有偏离黄道面的运动。

　　东汉出现了我国伟大的天文学家张衡。他的天文学著作《灵宪》是天文学史上的不朽名著，代表了当时的最高水平。张衡认为宇宙是无限的，月光来自月球对日光的反射，月食是地球遮住了日光导致的，月球绕地球转动，并且有升有降。在这部著作中，张衡也正确解释了冬季夜长、夏季夜短以及春分与秋分昼夜等长的原因。张衡还在前人发明的浑天仪的基础上，根据自己的理论，创制了一个更精确的浑天仪。

南北朝时期，著名数学家、天文学家祖冲之在我国天文学史上首次提出月球相继两次通过黄道面、白道面的同一交点的时间间隔为 27.2123 日，与今天的测量值相差不到 1 s。这个时长对于准确计算日食或月食的发生时间有重要意义。祖冲之将这个成果应用到了他制定的《大明历》中。祖冲之在《大明历》的编制过程中区分了回归年和恒星年，首次将岁差引入历法，提出用圭表测量正午太阳影长以确定冬至时刻。祖冲之也对五大行星的运动进行了观测和推算，给出了更精确的五星会合周期。

郭守敬坐像

随着时间的推移，到宋代，苏颂建造了水运仪象台，这是世界上最早的天文钟。到元代，郭守敬改进和创造了多种天文仪器，开展了很多精密的天文观测，例如测定冬至时刻，测定二十八宿角距，编制星表，测定黄赤交角。以这些观测为基础，郭守敬主持编制了《授时历》。《授时历》推算出的一个回归年与地球绕太阳公转的实际时间只差 26 s。

水运仪象台 1∶3 复原模型

40　20世纪以前国际上有哪些著名的天文学家

国际上的著名天文学家要从古希腊说起。古希腊人热衷于思考宇宙和人类的问题。古希腊诞生了泰勒斯（Θαλης）、阿利斯塔克斯（Αρισταρχος）、伊巴谷（Ιππαρχος，因英文转译差异，又译为喜帕恰斯）等著名天文学家。泰勒斯将一年确定为365天，指出了在航海时可以利用小熊座导航。后人推测，他还利用迦勒底人发现的沙罗周期预测了一次日食。阿利斯塔克斯根据日食和月食测定了太阳、地球距离和月球、地球距离的比值，以及太阳、地球、月球三者大小的比值。后人根据其他人对阿利斯塔克斯著作的引述，推测他是提出日心说思想的第一人。阿利斯塔克斯的思想后来被尼古拉·哥白尼完善，最终形成了日心说理论。伊巴谷更准确地测量了一年长度、月球与地球距离和地球直径的比值，并且编制了著名的伊巴谷星表。伊巴谷星表为后世发现恒星自行提供了重要的观测资料。古希腊人对天体的研究最终被托勒玫（Πτολεμαιος，为了与托勒密王朝的托勒密区分，一般译为托勒玫）总结为地心说理论流传下来，日心说思想长期被忽视。

泰勒斯像

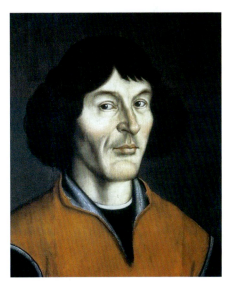

尼古拉·哥白尼像

地心说在一千多年的时间里占据优势，直到尼古拉·哥白尼提出了完善后的日心说理论。从数学上看，地心说和日心说是等价的，日心说完全代替地心说是一个渐变的过程。第谷·布拉赫（Tycho Brahe）和约翰内斯·开普勒的工作起到了很大作用。第谷·布拉赫对天体位置和行星运动进行了高精度测量。他留下的观测资料为约翰内斯·开普勒发现行星运动三定律奠定了基础。尼古拉·哥白尼刚提出日心说的时候，人们并没有抛弃地心说转向日心说的动力。虽然地心说需要复杂的本轮运动，但这套理论是可以解释行星逆行等现象的。但是，开普勒行星运动三定律提出后，人们认识到行星运动的轨道是椭圆，用地心说解释起来更为困难，人们对地心说的信心就没那么足了。日心说从此正式将地心说赶下历史舞台。在这个过程中，伽利略·伽利莱使用望远镜观测到木星卫星绕木星转动，以及金星的相位变化，也为日心说被人们接受贡献了力量。

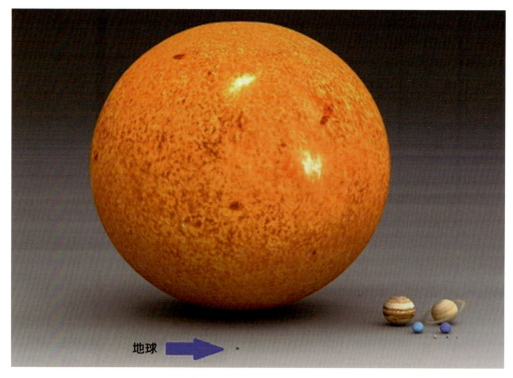

地球

太阳和地球的大小对比

此后，埃德蒙·哈雷（Edmond Halley）编制了包含 341 颗南天恒星的星表，出版了《彗星天文学论说》，指出了 1531 年、1607 年和 1682 年出现的 3 颗彗星可能是同一颗彗星的 3 次回归，由此预言这颗彗星将在 1758 年再次回归。后来此预言被证实，这颗彗星被命名为哈雷彗星。人们认为，埃德蒙·哈雷对彗星的研究为艾萨克·牛顿（Isaac Newton）对引力的研究提供了有力的观测证据。

哈雷彗星

随着望远镜的发展，天文学家能观测到的天体越来越多。查尔斯·梅西耶编制了著名的梅西耶星团星云表。威廉·赫歇尔扩充了梅西耶的星表，并且发现了天王星，天王星的两颗卫星（天卫三和天卫四）以及土星的两颗卫星（土卫一和土卫二），还在这些观测的基础上提出银河系是盘状的。

天文学发展的历史很长，历史中的人物灿若星辰，我们只能在概览历史的时候匆匆一瞥上述提到的这些著名的天文学家。

41 每个月的月相变化说明了什么

我们对天上的明月已经习以为常了。每个农历十五，只要天晴，我们都能在晚上看到一轮明月。每个月的其他时候，我们也能看到各种不同的月相。如果不仔细看，每个月的满月看起来都差不多，其他月相的变化每个月看起来也都一样。但如果仔细思考，可以知道，这个现象很不一般。

月亮不发光，月亮的阴晴圆缺是太阳光照射角度不同造成的。想象一下，如果白道面垂直于太阳和地球的连线，那么在一个月中我们每一天都应该能看到半个月亮，这种情况下是没有月相变化的。如果太阳和地球的连线在白道面内，那么我们就应该能看到完整的月相变化，与此同时，我们应该每个月都能发生日食和月食。所以，如果白道面和黄道面垂直，那么我们在有些时候，一个月都只能看到半个月亮，而要看到完整的月相变化得等到特定的月份，每年有 2 次。如果白道面和黄道面重合，那么我们每个月看到的月相变化都完全一样，并且每个月都会发生日食和月食。

但实际情况是，我们每个月都能看到差不多的月相变化，但又不是每个月都能看到日食或月食。由此可以知道，太阳和地球的连线和白道面的夹角总是很小。太阳和地球的连线在地球绕太阳公转时扫过黄道面，由此可以得出，白道面和黄道面的夹角应该很小，但又不足以每个月都发生日食或月食。

事实上，白道面和黄道面的夹角大约为 5°。在地球上看，太阳和月球的角直径大约为 0.5°；在月球上看，地球的角直径大约为 1.8°。所以，只有当白道面和黄道面的交点线和太阳、地球连线接近重合时，地球上才能看到日食或月食。白道面和黄道面这么小的夹角使得我们每个月看到的月相变化都差不多。但是，可以说，我们每个月看到的"满月"是不一样的，并不都是真正的满月。我们总是从一个侧面去看月亮，只是偏离的角度很小。可以想象，要看到真正的满月只能在月食的时候。

虽然上面提到，通过每个月的月相变化，差不多可以推断白道面和黄道面的夹角不大。但在地球上，我们怎么定量测出白道面和黄道面的夹角？基于月球绕地球转动、地球绕太阳转动这两个基本假设，我们测定每天太阳和月球上中天的高度角。通过长时间的高度角测量，我们可以得到白道面和黄道面交线垂直于太阳、地球连线时太阳上中天高度和月球上中天高度，两者的差就是白道面和黄道面的夹角。

在别的行星上，其卫星的轨道平面和黄道面的夹角可能比较大，加上轨道周期不一样，我们就不能期望每个"月"看到的"月相"都差不多了。火星的赤道面和黄道面夹角大约为25°，火星的两颗卫星轨道在火星的赤道面内。此外，火星的两颗卫星形状不规则，并且轨道周期较短。故而在火星上看到的"月相"变化很不一样。

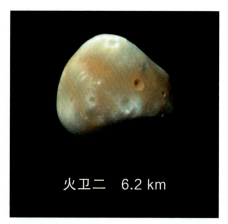

火卫二　6.2 km

火卫一　22.2 km

火卫一和火卫二

42 金星自转方向为什么和公转方向相反

太阳系中的行星都是沿同一个方向绕太阳公转的，轨道平面夹角很小。这是由太阳系的形成过程决定的。在太阳系形成之初，原始太阳周围形成了一个气体尘埃盘，沿同一个方向转动。行星在这个盘中形成，所以运动方向都相同。如果没有别的过程，可以想象，行星的自转方向也应该和公转方向相同，并且自转轴应该垂直于公转轨道平面。实际情况是，水星、金星和木星的自转轴几乎和公转轨道平面垂直，地球、火星、土星、海王星的自转轴倾角都在20°以上；天王星最为奇特，其自转轴倾角为98°。也就是说，天王星躺在轨道平面上自转。太阳系大部分行星自转方向都和公转方向一致，只有2颗行星例外，一颗是金星，另一颗是天王星，它们的自转方向和公转方向相反。

通常认为，今天看到的行星不是太阳系形成之初的样子。行星经历过强烈的碰撞并合过程，在并合过程中，自转轴方向有可能改变。现在被普遍接受的地月系统形成模型就是撞击模型。一颗原始行星撞击了原始地球，两个天体的核心部分加上一些幔层物质形成了地球，一些壳层物质被抛出，最终形成了月球。这个模型能够解释地球自转轴的倾角，也解释了地球和月球的元素丰度。天文学家也用撞击模型解释了天王星为什么躺着自转。

也有天文学家试图用撞击模型解释金星自转和公转方向不一致的问题。不过撞击通常会导致天体自转轴倾斜，而金星自转轴倾角很小。从这一点上看，金星自转方向和公转方向相反不太可能是撞击导致的。金星的自转周期是243 d，公转周期是224.7 d，二者非常接近。我们知道，月球自转周期和月球绕地球转动的周期相同，这是因为潮汐锁定造成的。从金星的自转周期和公转周期来看，金星也是接近潮汐锁定的，但又没有完全达到潮汐锁定。这个事实提示我们，金星自转方向和公转方向相反可能是潮汐作用导致的。计算可以发现，在慢速转动的时候，考虑核与幔的摩擦，金星有4个稳定态。这4个稳定态在观测上对应两种状态：一种是自转和公转方向相同，自转周期大约为77 d；另一种就是自转方向和公转方向相反，自转周期大约为 243 天。在实际演化中，金星是如何进入其中某一种状态的呢？

金星最大的特点就是有浓密的大气。通常的行星大气对于行星自转来说都是微扰，但金星转速较慢，加上金星大气浓密，金星大气对金星转动有较大的影响。考虑太阳对金星大气的热作用和潮汐作用，以及金星大气对金星表面的摩擦效应，金星可以进入并维持当前的自转方向和公转方向相反的状态。其中一种可能的演化路径是，金星一开始就是反向自转的，转速最终减慢到现在的数值；另一种可能性是金星在慢速转动状态下经历了自转方向反转。

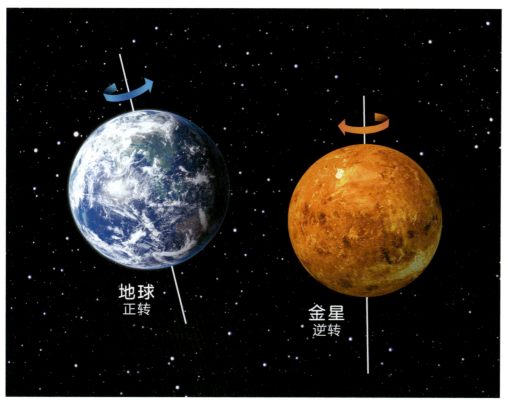

金星自转

43 聚焦月光能否点燃火柴

小时候很多人都在阳光下玩过放大镜，拿放大镜点火柴、烧纸。不需要很大的放大镜，大约 6 cm 口径的放大镜就可以很容易地将火柴点燃。月球反射太阳光，色温（能量的频率分布）和太阳光差不多，月球在满月的时候也比较明亮，那么聚焦月光是否能点燃火柴呢？

太阳的视星等是 –26.7 等，满月的视星等是 –13 等，二者亮度相差大约 $10^{13.7/2.5} \approx 300\,000$ 倍（星等差 5 等，亮度差 100 倍）。也就是说，仅从能流的角度考虑，聚焦月光要达到 6 cm 口径放大镜聚焦日光的效果，需要的镜面口径至少要达到 3 m。那么，真的用 3 m 口径的放大镜就可以点燃火柴了吗？用大口径光学望远镜看月亮是不是有危险呢？实际情况要复杂一些。

原因在于太阳和月球都不是点源，但太阳和月球的角直径差不多，这使得问题简化了一些。太阳和月球的角直径大约都是 0.5°。通常，透镜或反射镜的焦距和口径同量级，所以，6 cm 口径的透镜可以将阳光聚焦到直径为 6×0.5/57.3 ≈ 0.05 cm 的斑点内，这比火柴头还小。但是，对于 3 m 口径的透镜或反射面，焦距也大约是 3 m，实际可能更大。这样的镜面只能将月光聚焦到直径为 3× 0.5/57.3 ≈ 0.026 m（2.6 cm）的斑点内，这是远大于火柴头的。也就是说，3 m 口径的透镜或反射镜聚焦月光的能量不能完全传递到火柴头上。只有使用焦比很小（f/D ≈ 0.02）的透镜或反射镜才能达到 6 cm 口径透镜聚焦阳光的能流密度。这样的焦比可能只有用抛物面反射镜才能达到。

按照圆锥曲线方程

$$r = \frac{ep}{1 - e\cos\theta}$$

对于抛物线，e=1，焦距是顶点到焦点的 r。按照焦比 0.02，抛物面高度应该达到口径的 50 倍。也就是需要一个 150 m 高、口径 3 m 的抛物面反射镜才能聚焦月光点燃火柴。

第二篇　射电天文

44 射电是什么

　　我们所熟知的可见光是一种特定频率范围内的电磁波。电磁波根据频率分为不同的波段，包括无线电（或称为射电）、红外、可见光、紫外、X 射线、伽马射线等。

　　按照标准定义，无线电指的是频率低于 3000 GHz，能在自由空间中传播的电磁波。无线电在天文学中通常称为射电，意思是能发射到自由空间的电磁波。所以，广义来说，使用 3000 GHz 以下频率进行观测的天文学都是射电天文学。在实际的射电天文中，又进一步把 3000 GHz 以下频率的电磁波段分为 THz 波段（1000～3000 GHz）、亚毫米波段（300～1000 GHz）、毫米波波段（30～300 GHz）和低频射电波段（30 GHz 以下）。这些波段的区分是基于所用接收设备的不同，它们之间并没有严格的界限。

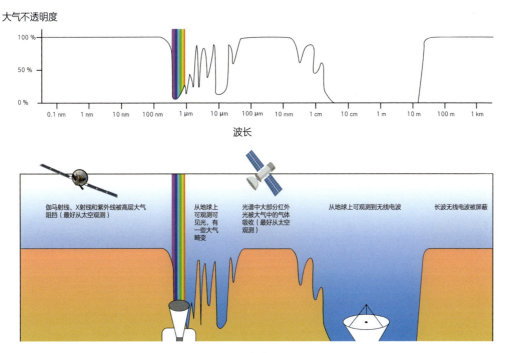

电磁波波段

很长时间以来，人们都只使用可见光进行天文观测。在19世纪发现无线电波后的很长一段时间里，人们都没有将无线电波和天文观测联系起来。无线电波被发现后的几十年，它被用于通信，尤其是跨大洲的远距离通信。直到1931年，美国贝尔实验室的无线电工程师卡尔·央斯基在研究无线电通信的干扰源时才偶然发现了来自银河系中心的射电辐射。自此，人类认识到，无线电波也可以用于天文观测。射电天文学由此诞生。

卡尔·央斯基和他的天线（射电望远镜）

无线电被发现后很长一段时间只用于通信是有原因的。最初，人类的无线电技术只能使用频率较低的无线电波进行通信，也就是发射和接收无线电信号。地球大气的高层有一个电离层。电离层会反射频率低于大约10 MHz的无线电波。也就是说，最早的时候，人类无法接收到来自宇宙的无线电波。到了卡尔·央斯基所处的年代，无线电技术的发展使得人类可以发射和接收频率更高的无线电波，卡尔·央斯基才有机会接收到来自宇宙深处的无线电波。事实上，卡尔·央斯基最初观测使用的频率只有大约20 MHz，刚好超过地球电离层的截止频率。

卡尔·央斯基的后继者，业余射电天文学家格罗特·雷伯独自建造了一台射电望远镜，完成了人类历史上第一次 160 MHz 射电巡天，得到了第一幅射电天图。第二次世界大战后，雷达技术被用于射电天文，射电天文迅速发展起来，观测频率迅速提高。射电天文中常说的 L 波段（1~2 GHz）、S 波段（2~4 GHz）、C 波段（4~8 GHz）、X 波段（8~12 GHz）等波段都是雷达工程中规定的波段。

20 世纪 60 年代，射电天文学取得了四大发现——类星体、脉冲星、宇宙微波背景辐射和星际分子。随着观测频率的进一步提高，天文学家陆续建造了毫米波望远镜、亚毫米波望远镜和 THz 望远镜。在这些波段，天文学家看到了分子云、原恒星盘和原恒星产生的喷流，也看到了星系中心超大质量黑洞的影子。这些都是射电天文学取得的重要成果。

格罗特·雷伯的望远镜

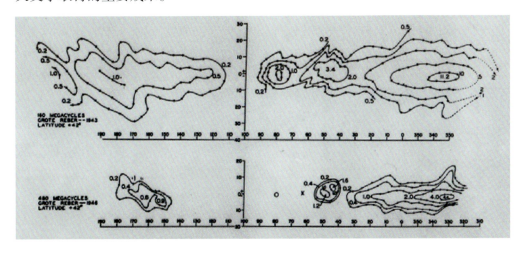

格罗特·雷伯完成的 160 MHz 和 480 MHz 射电天图

45 射电天文观测的基本流程是什么

在射电天文刚开始的一段时间，全世界只有一两个人在进行射电天文观测。卡尔·央斯基用自己建造的天线探测到了来自银河系中心的射电辐射。格罗特·雷伯用自己建造的天线进行了巡天，得到了 160 MHz 和 480 MHz 的射电天图。可以看到，在这个时期，要进行射电天文观测需要先自己建造射电望远镜，接收到信号之后需要自己进行数据处理，然后将结果写成文章发表。

后来，有更多人开始进行射电天文观测。他们也与卡尔·央斯基和格罗特·雷伯一样，自己建造设备进行观测。这种自己建造设备的模式一直持续到20世纪60年代。在此期间，哈罗德·欧文（Harold Ewen）和爱德华·珀塞尔（Edward Purcell）用自己建造的馈源观测到了银河系的中性氢21厘米谱线，罗伯特·威尔逊（Robert Wilson）和阿诺·彭齐亚斯（Arno Penzias）用自己建造的天线探测到了宇宙微波背景辐射，乔瑟琳·贝尔（Jocelyn Bell）和安东尼·休伊什（Antony Hewish）用自己建造的天线发现了脉冲星。

哈罗德·欧文和爱德华·珀塞尔探测到中性氢所用的设备

在此之后，天文学家建造了很多大口径的射电望远镜。建造这些望远镜不再是一两个人可以完成的。从此，射电天文进入了一个新的时代，天文学家使用已经建成的通用射电望远镜进行观测，很少再自己建造设备。这个时期建造的射电望远镜，例如帕克斯（Parkes）望远镜、阿雷西博（Arecibo）望远镜，都需要天文学家自己操作完成观测，数据处理也没有标准的软件包。在那个时代，虽然天文学家不用自己建造设备，但他们需要先申请射电望远镜的观测时间，获得批准后操作望远镜进行观测，随后自己处理数据，将结果写成文章发表。

随着计算机技术和控制软件的发展，望远镜的自动化程度得到提高，一些望远镜实现了远程控制，天文学家可以在观测助手的协助下完成远程观测和数据传输，无须到达望远镜现场。随着数据格式的标准化，一些望远镜开发了通用的数据处理软件，数据处理有了标准的步骤，这为天文学家处理数据提供了极大的便利。

通常，天文学家要进行射电天文观测，首先要了解目标源或目标区过往的观测情况，了解其基本性质，明确观测要达到的科学目标，然后撰写观测申请。观测申请获得批准后，根据批准的观测时间制定观测计划，实施观测。在观测过程中，要根据科学目标选择合适的观测模式。在观测过程中关注望远镜运行情况，记录观测过程中的异常情况，为后续数据处理提供参考。观测完成后，根据标准流程处理数据。得到结果后分析可能的问题，如果有不合理的地方，需要检查观测过程中望远镜是否有异常，以及数据处理过程是否有异常。数据处理完成后，总结结果，撰写论文。

在实际中，有一些望远镜不需要天文学家进行观测，观测是自主完成［（例如麦克斯韦望远镜（James Clerk Maxwell Telescope，JCMT）］或者由望远镜操作人员完成（例如 FAST）。这种方式可以最大限度地利用观测时间，提高观测效率。有一些望远镜也可以不用天文学家自己处理数据（例如 ALMA），直接提供处理完的数据。

FAST 总控室

46 射电天文观测有哪些干扰

　　除了观测太阳外，可见光天文学通常要到夜里才能进行观测，并且要远离城市灯光。这是为了避免太阳光的影响和人造光的干扰。对于射电天文观测来说，因为大气对射电波非常透明，不会产生很强的散射，所以部分射电天文观测在白天也可以进行。但和可见光天文学一样，射电天文观测也会受到干扰。干扰是相对的，对目标源产生影响的辐射都可以称为干扰。

　　和可见光天文观测一样，太阳对大部分射电天文观测而言是干扰源。虽然大气对射电波的散射很弱，使得在白天也可以进行射电观测，但太阳是一个强射电源，望远镜旁瓣接收到的太阳辐射也会对观测产生干扰。一些需要较高测量精度的成像观测通常选择在夜间进行，以避免太阳对观测产生干扰。射电天文学家格罗特·雷伯就曾在观测中看到太阳爆发对观测产生的干扰。

　　地球上的一些自然过程也会产生干扰。卡尔·央斯基在20世纪30年代偶然发现来自银河系中心的射电辐射时，实际上正在研究干扰源。他发现了雷电产生的干扰。但在今天，射电天文观测的干扰源主要是人造设备。

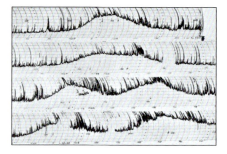

格罗特·雷伯看到的太阳爆发产生的干扰

　　19 世纪末到 20 世纪初，人们就开始使用无线电进行通信。随着技术的发展，人们开始使用更多波段的无线电，将它们用于传送广播、电视、授时、导航等各种信号。传输信号需要一定宽度的频带，称为信道。为了避免互相影响，信道通常不能重叠。无线电频带的宽度有限，为了正常开展各种业务，人们按照不同业务对频带进行了划分。这些频带划分时为射电天文留出了不多的保护波段，其中最重要的就是覆盖 1420 MHz 的中性氢波段。

　　然而，射电天文观测不可能只在这些保护频段进行，所以，原则上所有发射无线电的业务都有可能对射电天文观测产生干扰。地面上常见的干扰有 100 MHz 左右的广播、900 MHz 左右的移动通信、2.4 GHz 左右的无线网等，而来自卫星的干扰有 1.2 GHz 左右的卫星导航信号等。

　　这些无线电业务对于射电天文而言是干扰，但却是人们日常生活不可缺少的。除此之外，几乎所有的电子设备都会产生无线电干扰，即使这些器件本来不是用于发射无线电的。可以说，在当今社会，只要有人类生活的地方，就有无线电干扰。为了能进行射电天文观测，射电望远镜通常都建在远离人类生活的偏远地点。有的射电望远镜还在周边一定范围内设立了电磁波宁静区，禁止使用会产生无线电干扰的电子设备。FAST 就建立了 30 km 半径的电磁波宁静区，拆除了核心区的移动通信基站，并对周边的基站进行了功率和指向的调整。这些措施使得 FAST 拥有了良好的电磁环境。为了保护电磁波宁静区，周边的航线也进行了调整，避免了对航空信号的干扰。

　　但来自卫星的导航信号产生的干扰很难避免，只能在数据处理时根据卫星过境时间将受到影响的数据标记出来，后续进行处理。实际上，除了外来的干扰，射电望远镜自身的电子设备也会产生干扰，所以需要做好自身设备的电磁屏蔽，这样才能保证望远镜的正常观测。

　　我国的无线电频率划分图见本书最后的附录 II。

47 射电天文观测能否测量距离

距离是天文学研究中最基础的测量内容之一。我们看到的星空都是投影的结果，如果没有距离测量，我们就无法了解天体的真实距离和大小。历史上，我们曾经认为银河系就是整个宇宙，认为 M31 也是银河系内的天体，正是因为那时我们还无法准确测量它的距离。

天文学中的距离测量是从太阳系开始的。历史上，太阳系距离测量的过程就是我们认识太阳系天体的过程。通过对夏至正午地球不同地点太阳高度的测量，我们可以估计地球的直径。通过月食发生时地球在月球上投下的影子，我们可以估计月球的直径。根据观测到的月球张角，我们就可以估计地球和月球的距离。通过在地球上不同地点观测金星凌日，我们就可以估计太阳的直径。再根据日食观测知道月球和太阳的角直径几乎相等，可以根据地球和月球的距离估计地球和太阳的距离。今天我们已经可以通过无线电测距的方法测量太阳系天体的距离：向目标天体发射无线电脉冲，目标天体反射这个无线电脉冲，通过测量脉冲发出和返回的时间差就可以得到目标天体的距离。

太阳周围 100 pc 以内的恒星可以基于光学观测，使用三角视差测量距离。在 1 kpc 距离以上，基于今天的光学观测测量的三角视差无法达到足够的精度，所以无法准确测量距离。传统上，在 1 kpc 距离以上，

pc：千秒差距，天体距离的一种单位。1 pc 等于恒星周年视差为 1″ 的距离，约等于 3.26 光年。

通常使用造父变星的周期－光度关系测量距离。埃德温·哈勃就是通过这个方法测量了一些近邻星系的距离，从而大大拓展了我们所认识的宇宙的边界。最近一些年，射电天文学家也发展了一种相位参考甚长基线干涉测量方法，实现了千秒差距量级的三角视差测距。天文学家使用这种方法精确测量了银河系中一些脉泽源的三角视差，让我们更好地认识了银河系的结构。

对于距离较远，无法分辨出其中造父变星的星系，可以采取其他测距方法。例如，可以通过塔利－费希尔关系（Tully–Fisher relation）、费伯－杰克逊关系（Faber–Jackson relation）等经验关系估计星系的光度，然后根据测量到的亮度来估计星系的距离。如果在星系中发生了 Ia 型超新星爆发，基于对这种超新星爆发光度的认识，也可以根据测量到的亮度来估计星系的距离。

对于极少数特殊的、核区有围绕中心黑洞运动的脉泽源的星系（例如 NGC 4258），天文学家也通过射电天文观测测量了距离。在几年中进行若干次甚长基线干涉观测，测量脉泽源绕星系中心黑洞的运动，可以得到脉泽源运动的速度和加速度，由此计算出脉泽源运动轨道的半径，再结合测量到的角直径，就可以测量星系的距离。

近年来，通过射电天文观测发现了一种新的爆发现象——快速射电暴。天文学家想象它们来自宇宙深处，其本质尚不清楚，但或许有一天，这些神秘的爆发现象可以用来测量距离。

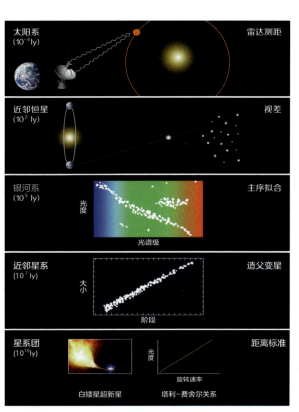

常用测距方法

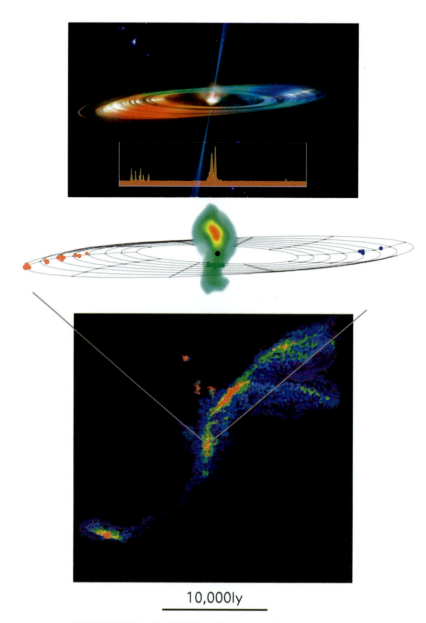

10,000ly

利用星系核心的脉泽源测量距离（如 NGC 4258）

48 射电望远镜和光学望远镜有什么区别

射电望远镜探测的是射电波，光学望远镜探测的是可见光。地球大气对射电波和可见光透明，这两种望远镜都可以在地面上进行观测。从本质上来说，射电波和可见光都是电磁波，但它们的频率和波长有很大的差别。射电波是频率低于 3000 GHz（波长长于 0.1 mm）的电磁波，而可见光的频率为 380～750 THz。电磁波（包括可见光）有波粒二象性，既有波的性质，也有粒子的性质。射电波主要表现出波动性，而可见光主要表现出粒子性。这使得通常的射电望远镜和光学望远镜的探测原理不同。

波粒二象性：电子在运动或传播时表现出的波动性和粒子性的双重性质。

从光路来说，大部分射电望远镜和光学望远镜差别不大，都是通过一次或多次反射将电磁波汇聚到接收装置。一方面，为了能有效地反射电磁波，反射面精度应该达到波长的 1/20。所以光学望远镜对镜面精度的要求高于射电望远镜，很多射电望远镜的反射面甚至可以使用打孔的铝板或者铁丝网。光学望远镜要保持镜面的清洁，而通常射电望远镜对此没有要求。另一方面，为了能有效反射电磁波，反射面的口径也需要达到波长的 20 倍以上。对于 100 MHz 的电磁波，望远镜口径要达到 60 m 以上。对于这种低频射电观测，通常不用反射面汇聚电磁波，而用偶极振子直接接收。

射电望远镜探测电磁波中变化的电场，而光学望远镜探测光子。所以，射电望远镜的接收装置是馈源，而光学望远镜的接收装置是照相底片或者光电元件。馈源包含波导。电磁波进入馈源后，在馈源底部由探针将感应电流引出，经放大电路放大后传到数字后端采集。而光学望远镜直接使用照相底片或光电元件记录光子。射电望远镜测量到的原始数据是强度随时间变化的序列，经过快速傅里叶变换得到频谱。而光学望远镜测量的是光子数，要得到光谱，通常需要先用光栅或者棱镜分光。

通常射电观测的频率比光学观测低好几个数量级，所以射电观测接收到的光子数也比光学观测多，因而可以忽略散粒噪声。此外，射电观测中使用低噪声放大器，可以将采样信号放大多倍。因此，射电观测通常可以把信号分为多路进行采样，最终的信噪比不受影响。而光学观测中接收到的光子数相对较少，每次分光都使信号减弱，所以光学观测通常不能将信号多次

帕克斯望远镜（射电望远镜）

甚大望远镜（Very Large Telescope，VLT；光学望远镜）

分光。

　　因为射电望远镜直接测量电磁波的电场变化，可以记录波的相位信息，所以可以使用射电望远镜进行甚长基线干涉测量观测。位于地球上不同地方的射电望远镜分别记录数据，然后对数据进行相关处理，在计算机中实现干涉。通常的光学观测，因为电磁波的频率非常快，难以直接得到相位信息，所以光学干涉通常是实时进行的，无法先记录数据再进行处理。现在已经有文献报道可以记录光的相位信息，未来或许可以进行光学甚长基线干涉测量观测。

49 射电望远镜主要用来探测射电信号的什么特征

射电望远镜的探测原理不同于光学望远镜。射电望远镜类似于接收卫星电视信号或广播信号的天线，而光学望远镜类似于照相机。所以有的人将射电望远镜的观测比喻为"听宇宙"，从某种意义上讲是合理的。由于波粒二象性，电磁波既可以看作波，也可以看作光子流。光学望远镜的测量本质上是数光子，光子数越多，信号越强。而射电望远镜的测量本质上是测电压，电压越高，信号越强。

从原理上来说，射电望远镜只有两个直接测量量——时间和信号强度。也就是说，射电望远镜测得的是信号强度的时间序列。与光学望远镜通过光栅或棱镜分光得到光谱的过程不同，要得到射电频谱的时间序列，需要将信号强度的时间序列进行加窗傅里叶变换。使用不同的时间窗口可以得到不同时间尺度的频谱。脉冲星数据的时间分辨率较高，频率分辨率较低。而谱线、地外文明搜寻（search for extraterrestrial intelligence，SETI）数据频率分辨率较高，时间分辨率较低。根据傅里叶变换的性质可以知道，时间分辨率和频率分辨率满足不确定性原理，因此不可能同时将二者无限提高。

从脉冲星数据中可以得到脉冲星的脉冲轮廓和辐射频谱，进而得到脉冲到达时间。基于脉冲到达时间可以对脉冲星进行计时观测。脉冲星自转非常稳定，因此，脉冲星计时可以达到很高的精度。基于此，可以确定脉冲星的准确坐标，也可以测量脉冲星双星系统的轨道参数。对多颗脉冲星的计时残差进行相关性分析，还可以探测宇宙的引力波背景。

通过计时观测确定脉冲星的坐标类似于通常的三角视差测量。地球在轨道上运动时，脉冲到达时间会有变化。这个变化规律对于不同方向的脉冲星不一样，所以可以根据脉冲到达时间在一年中的变化确定脉冲星的坐标。脉冲星在双星系统中运动时，由于多普勒效应，观测到的脉冲星自转周期会发生变化，根据这种变化可以测量双星系统的轨道参数，扣除已知的各种效应之后就得到了脉冲星的计时残差。计时残差中可能还含有引力波背景的信息，这种信息需要对多颗脉冲星的计时残差进行相关性分析才能得到。目前 FAST 已经测得了一批脉冲星的坐标和一批脉冲星双星的轨道参数，中国基于 FAST 的脉冲星计时阵也得到了引力波背景存在的强有力证据。

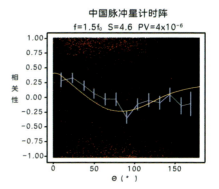

脉冲星计时阵观测引力波背景

从谱线数据中也可以得到很多信息。通过谱线可以确定星际介质云的物质组成和元素丰度。比较谱线线心频率和静止频率，可以得到星际介质云相对我们的运动速度。通过谱线强度，可以测量物质的柱密度。通过不同偏振通道的频谱，还可以测量星际介质云中的磁场。FAST 通过中性氢的窄线自吸收的塞曼效应首次测量了致密云核中的磁场，改变了我们对于分子云核磁场演化的传统认识。

塞曼效应：外磁场与原子磁矩相互作用，使谱线分裂为几条偏振组分的现象。

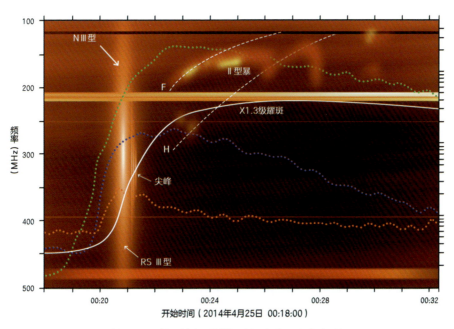

将不同时间的频谱排列起来得到动态谱

50 射电望远镜有哪些指标

在大气透明的波段，我们才能在地面上观测宇宙。和光学望远镜一样，大部分射电望远镜都建造在地面上。与在大气不透明的波段只能通过发射少数太空望远镜进行观测不同，我们可以在地面上建造很多射电望远镜。

口径或者接收面积是射电望远镜的一个重要技术指标。口径会影响射电望远镜的波束宽度和探测灵敏度。在地面上，人类可以建造大口径的射电望远镜。目前人类建造过的最大空间射电望远镜口径只有 10 m，而地面上最大的单口径射电望远镜口径已经达到了 500 m。

可见光主要表现为粒子性，光学观测通常用照相底片或光电元件接收光子。相比可见光，射电波频率较低，主要表现出波动性，射电观测通常用馈源接收无线电波。由于波长和设备大小相近，射电波会产生明显的衍射效应，这和光学中的衍射原理相同。这使得射电望远镜不仅可以接收到来自主轴方向的射电波，还能接收到来自其他方向的电磁波。射电望远镜对不同方向增益（可以理解为敏感程度）的方向图有很多瓣，主轴方向的为主瓣，其他为旁瓣。

射电望远镜主瓣角直径 θ 正比于射电波长 λ，反比于望远镜的照明口径 D。

$$\theta = 1.22\frac{\lambda}{D}$$

主瓣宽度也被称为射电望远镜的波束宽度，这是射电望远镜的重要参数之一。通常，射电望远镜的角分辨率大约是波束宽度。由于射电波长较长，射电望远镜的波束通常比较宽。例如，在 20 cm 波长下，100 m 口径的射电望远镜的波束宽度为 8.4′。相比之下，大型光学望远镜的分辨率可以达到角秒量级。

射电波段频率较低，光子能量较低，比强度和亮度温度成正比，所以可以用亮度温度表示比强度。望远镜本身以及天空背景有噪声，总的背景噪声强度可以用一个亮度温度等效表示，称为系统温度。望远镜在不指向源，而是指向没有源的冷空的时候也会接收到一个流量密度。望远镜只能探测到这个极限流

量密度 S_ν 以上的源，极限流量密度越小，望远镜越灵敏，能探测到越暗弱的源。系统温度 T_{sys} 越低、有效接收面积 A_{eff} 越大、积分时间 $\Delta\tau$ 越长、带宽 $\Delta\nu$ 越大，则极限流量密度越小。具体来说，

$$S_\nu = \frac{kT_{\text{sys}}}{A_{\text{eff}}} \frac{1}{\sqrt{\Delta\nu\Delta\tau}}$$

其中 $S_{\nu 0} = \dfrac{kT_{\text{sys}}}{A_{\text{eff}}}$ 称为绝对灵敏度（raw sensitivity），是望远镜的内禀性质，和观测带宽与积分时间没有关系，只和望远镜的系统温度与有效接收面积有关，系统温度和观测波段以及望远镜接收机系统有关，而有效接收面积和望远镜口径与反射面面形精度有关。

我们也可以从另外一个角度理解绝对灵敏度：时间序列和频谱是傅里叶变换对，所以积分时间和频率分辨率满足不确定关系 $\Delta\tau\Delta\nu \geqslant 1$。也就是说，时间分辨率和频率分辨率的提高是有极限的，我们无法无限提高时间分辨率和频率分辨率。绝对灵敏度就是时间分辨率和频率分辨率达到极限时望远镜的灵敏度。

可以看到，观测的极限流量密度、频率带宽、通道数和采样时间有关。所以，频率带宽、通道数和采样时间都是射电望远镜的重要指标。

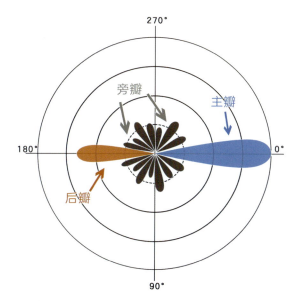

射电望远镜波束的剖面图（绕水平轴线旋转就得到三维的波束）

51 当前射电天文的热点有哪些

　　射电天文自诞生以来不到百年的时间，已经发展为天文学中一个内容丰富的重要研究领域。按照定义，频率为 3000 GHz 以下的电磁波为射电波。大气对部分射电波透明，这是除光学波段外大气对电磁波透明的另一个波段，称为大气窗口。大气窗口中的射电波几乎不受大气的影响，在下雨和有云的时候也可以进行射电观测。经过几十年的发展，天文学家已经在地面上建造了很多射电望远镜，针对大气不透明的射电波段也发射了相应的太空望远镜。这些射电望远镜覆盖了几乎整个射电波段。

　　在射电天文发展的过程中，产生了以"20 世纪 60 年代射电天文学四大发现"——宇宙微波背景辐射、类星体、脉冲星、星际分子——为代表的一系列重要成果。一些天体和天文现象是射电天文的独特对象。例如，中性氢、脉冲星等。当前，这些研究中的大多数仍然是射电天文学研究的热点。

　　中性氢和脉冲星是 FAST 的两大科学目标。中性氢是基态的氢原子，其中的电子自旋和核自旋耦合会产生超精细能级，能级跃迁产生 21 cm 谱线。氢是宇宙中最丰富的元素，在星系中普遍存在，是星系结构和动力学重要的示踪物。相比恒星观测，通过中性氢观测可以更完整地测量近邻星系的旋转曲线，从而更好地测量星系暗物质晕的结构。通过中性氢线宽和星系光度的相关关系，结合星系亮度的测量，可以得到星系的距离，从而检验宇宙学给出的红移距离关系。

　　脉冲星是宇宙深处的灯塔，是准确的时钟。脉冲星是一种致密天体，其中四种基本相互作用都比较强，是研究基础物理不可多得的天体实验室。通过脉冲星研究可以限制极高密度下的物态方程，也有望通过脉冲星研究探索未知物态的物质。因为其测量精度高、引力场强，所以脉冲星双星系统是检验广义相对论的重要研究对象。对脉冲星双星的观测也验证了广义相对论关于引力波的预言，间接地证明了引力波的存在。最近，天文学家更是通过脉冲星计时阵观测给出了宇宙背景引力波存在的强有力证据。

　　除了中性氢和脉冲星，2007 年发现的快速射电暴也是射电天文学中的一个研究热点。快速射电暴内禀的脉冲时间尺度只有毫秒量级，但释放出的能量巨大，我们还不清楚这样的快速爆发现象是怎么产生的。最近几年 FAST 和一些射电望远镜阵列得到的观测结果给出了快速射电暴起源的一些线索，但这仍然是一个需要继续研究的热点。

　　除了较低频率的射电波段，毫米／亚毫米波段也是射电天文的重要波段。这个波段有丰富的分子谱线，这个波段的观测已为星际介质演化、恒星形成和行星形成的问题提供重要线索。ALMA 观测已经直接对年轻恒星周围的行星盘进行了成像，直接观测到了正在形成的行星。这为行星形成的理论模型提供了直接证据。

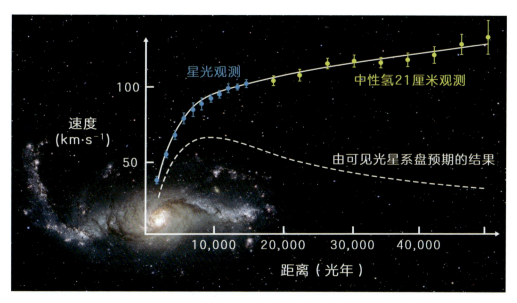

用中性氢测量星系旋转曲线

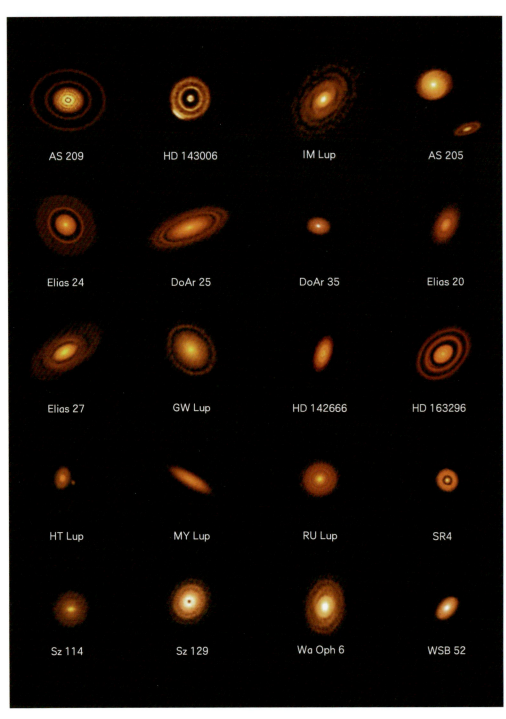

毫米／亚毫米波段的原行星盘图像

52　当前中国有哪些射电天文观测设施

我国射电天文观测设施的建设可以追溯到 20 世纪 60 年代的太阳射电望远镜。此后，我国在 1985 年建设了密云综合孔径射电望远镜阵列（工作频率 232 MHz），在 1986 年建设了上海佘山 25 m 射电望远镜，在 1993 年建设了新疆 25 m 射电望远镜［覆盖 L（1.4 ~ 1.72 GHz）、S（2.16 ~ 2.38 GHz）、C（4.72 ~ 5.11 GHz）、X（8.2 ~ 9.1 GHz）、K（22 ~ 24.2 GHz）波段］。在这期间，1990 年还在青海德令哈建成了 1 台 13.7 m 口径的毫米波望远镜（覆盖 85 ~ 115 GHz 波段）。此后很长一段时间，我国射电望远镜最大口径都是 25 m。现在，密云综合孔径射电望远镜阵列已经停止工作，德令哈 13.7 m 口径毫米波望远镜和 2 台 25 m 望远镜仍然在开展天文观测，同时参与国际甚长基线干涉测量联测。

进入新世纪，随着探月工程的开展，我国 2006 年在北京密云建设了 1 台 50 m 望远镜（后来又在旁边建设了 1 台 40 m 望远镜），在云南昆明建设了 1 台 40 m 望远镜，2012 年在上海建设了 1 台 65 m 望远镜——天马望远镜。目前，在探月任务之余，昆明 40 m 望远镜会在 S 和 X 波段进行脉冲星计时观测，上海天马望远镜会进行脉冲星计时和分子谱线观测。上海天马望远镜覆盖 L、C、S、X、Ku、Ka、K 及 Q 波段，已经成为我国 10 ~ 100 GHz 波段最重要的射电望远镜。2014 年我国在陕西洛南建设了一台 40 m 望远镜，进行脉冲星计时观测。

随后，FAST 在 2016 年建成，并于 2020 年通过国家验收后正式投入使用。FAST 全天候进行观测，对银河系内的中性氢进行成图观测，搜寻河外中性氢星系，搜寻脉冲星，对脉冲星进行计时观测。FAST 已经按计划开展了所有预定科学目标的观测。FAST 也进行了快速射电暴的观测，为理解快速射电暴的起源提供了关键线索。为进一步开展快速射电暴定位、引力波爆发射电对应体、超新星射电对应体等观测，FAST 周边还将建设数台 40 m 口径的射电望远镜，与 FAST 组成望远镜阵列。此外，新疆奇台 110 m 望远镜（QTT）已于 2022 年开工建设，计划 6 年建成。建成后，QTT 将完整覆盖 150 MHz ~ 115 GHz 的频率范围，这将是我国首台实现宽波段覆盖的大口径射电望远镜。

除了上述的通用型望远镜，我国还建设了针对特定科学目标的射电望远镜。我国在内蒙古明安图观测站建设了射电频谱日像仪，在不同频率（0.4 ~ 15 GHz）对太阳进行成像。另外，我国在新疆天山山脉建设了 21 cm 射电［望远镜］阵（21 Centimeter Array，21CMA），用于探测宇宙早期的再电离信号。目前 21CMA 正在开展平方千米阵（Square Kilometer Array，SKA）低频阵列技术的研究，为我国参与 SKA 建设做准备。此外，还在新疆巴里坤建设了天籁望远镜，开展中性氢强度映射观测。目前，天籁望远镜也在开展快速射电暴的搜寻观测，已经成功探测到快速射电暴。

明安图射电频谱日冕仪

天籁望远镜

53　大型射电望远镜的结构有哪些种类

从海因里希·赫兹（Heinrich Herz）实验接收到无线电波开始，人们就开始建造各种无线电发射和接收天线。直到卡尔·央斯基发现了来自银河系中心的射电辐射，无线电天线才真正变成了射电望远镜。之后的一段时间，业余射电天文学家格罗特·雷伯自己建造了一台以抛物面为反射面的射电望远镜，坚持进行射电天文观测。格罗特·雷伯的望远镜是一台真正意义上的射电望远镜，他用这台望远镜完成了世界上第一幅射电天图。之后的大部分望远镜都采用了和格罗特·雷伯的望远镜类似的结构。

第二次世界大战结束后，战争期间使用的雷达技术被应用于射电天文学。各国相继建设了一些射电望远镜。英国建造了 76 m 口径的洛弗尔（Lovell）望远镜。澳大利亚建造了 64 m 口径的帕克斯望远镜。20 世纪 70 年代，德国建造了埃菲尔斯伯格射电望远镜（Effelsberg），一举将全可动望远镜口径提高到 100 m。20 世纪末，美国建造了格林班克射电望远镜（Green Bank Telescope，GBT；又称绿岸望远镜），口径也约为 100 m。这些望远镜从结构上看都类似于格罗特·雷伯的望远镜。但这些望远镜是全可动的，也就是望远镜的反射面可以整体运动，指向不同方向。

洛弗尔望远镜位于英国柴郡（Cheshire），属于曼彻斯特大学（University of Manchester）乔德雷尔斑克天文台（Jodrell Bank Observatory），以创始台长伯纳德·洛弗尔（Bernard Lovell）的姓氏命名。这台望远镜在 1957 年建成，曾经对人类发射的第一颗人造卫星进行了观测。洛弗尔望远镜工作在 408 MHz ~ 6 GHz 波段。按照口径估计，洛弗尔望远镜能有效反射波长短

英国洛弗尔望远镜

于 3 m（频率为 100 MHz）的电磁波。洛弗尔望远镜在早期的脉冲星观测中发挥了重要作用。它还发现了第一个引力透镜系统，第一颗球状星团中的毫秒脉冲星。目前，洛弗尔望远镜仍是英国默林［多元射电联合干涉网］（Multi-Element Radio Linked Interferometer Network，MERLIN）的成员望远镜。

帕克斯望远镜位于澳大利亚新南威尔士的小镇帕克斯，属于澳大利亚望远镜国家设施（Australia Telescope National Facility）。帕克斯望远镜在 1961 年建成，曾经用于实时广播阿波罗 11 号登月的图像。这台望远镜可以工作在 80 MHz ~ 22 GHz 的波段，这是由其口径和表面精度决定的。但帕克斯望远镜主要工作于厘米波段。它在类星体的观测中做出了重要贡献。由于位于南半球，帕克斯望远镜可以看到银河系更靠近中心的部分，这里恒星和各类天体最为密集。依靠这个位置优势，帕克斯望远镜发现了大约 1000 颗脉冲星，完成了南天最完备的中性氢巡天 HIPASS（HI Parkes All Sky Survey）。帕克斯望远镜是澳大利亚甚长基线干涉测量网的重要成员望远镜。

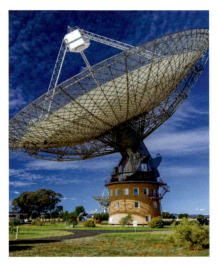

澳大利亚帕克斯天文望远镜

埃菲尔斯伯格射电望远镜位于德国波恩西南方向的埃菲尔斯伯格山谷中，属于马克斯·普朗克学会射电天文研究所。埃菲尔斯伯格射电望远镜工作在 300 MHz ~ 90 GHz 波段。这台望远镜众多的接收机使得它可以进行各种观测研究。埃菲尔斯伯格射电望远镜适合在很宽的频率范围内进行原子谱线和分子谱线观测，也适合进行高精度脉冲星计

德国埃菲尔斯伯格射电望远镜

时观测、对大天区进行谱线成图和连续谱成图。它也是很多射电望远镜干涉网络的重要成员，包括欧洲甚长基线干涉测量网（European VLBI Network，EVN）和全球甚长基线干涉测量网。

　　绿色岸望远镜位于美国西弗吉尼亚州，属于美国国立射电天文台。绿岸望远镜在 2002 年建成，工作在 100 MHz～116 GHz 波段。绿岸望远镜的天顶角可以达到 85°，可以看到全天球的 85%。因此，绿岸望远镜可以为甚大阵和 ALMA 提供辅助观测。绿岸望远镜采用了偏焦设计，其反射面是以馈源舱为焦点的大抛物面的一部分。所以绿岸望远镜反射面的口面是一个 100 m×110 m 的椭圆。从这个意义上来说，绿岸望远镜是世界上最大的全可动射电望远镜。偏焦设计使得馈源和反射面之间没有来回反射，从而几乎没有驻波。这使得绿岸望远镜的基线非常平整，因而非常适合进行谱线和连续谱成图。

美国绿岸望远镜

　　上面提到的这些射电望远镜都是所谓的"全可动射电望远镜"，反射面作为一个整体可以运动，指向天空中的某个方向。从埃菲尔斯伯格射电望远镜建成以来，全可动望远镜的口径就没有大幅超过 100 m。有段时间，人们甚至提出了"全可动望远镜口径的百米工程极限"的概念。但这并不是一个合适的概念。现在我国已经在建造 110 m 和 120 m 口径的全可动望远镜，未来或许会有 150 m 口径的全可动望远镜。但是，全可动望远镜的口径确实难以在经济可行的前提下成倍提高。

　　除了全可动射电望远镜，还有其他各种形式的射电望远镜，包括法国南锡（Nançay）望远镜、美国阿雷西博望远镜等。

　　法国南锡望远镜在 1965 年建成。这台望远镜由一个反射平面和一个抛物柱面组成，通过反射平面调整观测赤纬，依靠地球转动改变赤经，而由抛物柱面实现聚焦。这样的望远镜可观测天区有限，但是有可能相对简单地通过几何放大实现巨大的接收面积。南锡望远镜工作在 1400 MHz、1660 MHz 和 3300 MHz。

法国南锡望远镜

　　美国阿雷西博望远镜代表了另一种大幅度扩大接收面积的方案。利用喀斯特洼地可以建造大口径的球冠反射面，通过光路改正可以实现聚焦。阿雷西博望远镜位于波多黎各岛的阿雷西博小镇，1963 年建成，归属权几经变更。这台望远镜天顶角非常有限，不超过 19°，所以它虽然位于较低纬度，但仍然看不到靠南边的源。尽管如此，依靠巨大的接收面积，阿雷西博望远镜做出了很多重要贡献。它发现了第一个脉冲星双星系统，发现了第一颗系外行星（脉冲星周围的行星，不是传统意义上的恒星周围的行星），测定了金星和水星的自转，测定了很多小行星的三维形态。阿雷西博望远镜工作在 50 MHz ~ 11 GHz 波段。

美国阿雷西博望远镜（已坍塌）

　　我国的 FAST 也是利用喀斯特洼地建造反射面的思路，但更进一步，采用主动反射面和柔性馈源支撑的技术，以最简单的光路实现了聚集。FAST 是目前世界上最先进、最灵敏的单口径射电望远镜。

　　虽然采用 FAST 这样设计的单口径射电望远镜大幅增加了望远镜口径，但这种望远镜也存在物理极限。实际上，可能很难建造口径大于 2000 m 的单口径射电望远镜。即使找到相应口径的洼地，那样的望远镜也将会有超过 400 m 高的馈源支撑塔。在这种高度下，馈源支撑塔的刚度很难保证，从而使得馈源舱难以控制。

中国天眼（FAST）

54 射电天文学观测接收到的总能量翻不动一页书吗

射电天文的观测频率相对较低，接收到的信号很微弱，相应的能量很少。这一点从射电天文中常用的流量密度的单位央斯基（Jy）就可以看出来，1 Jy=10^{-26} J·s^{-1}·m^{-2}·Hz^{-1}。不过，对于数字，我们还是需要直观的感觉。有一种说法，射电天文学自诞生以来所接收的总能量还翻不动一页书。我们来考察一下这个说法。

一页书的厚度大约是 0.005 cm（一本 200 页的书通常有 1 cm 厚），按照 32 开的开本，书页的大小大约为 15 cm×20 cm。假设这页书选用的纸的密度大约为 1 g/cm^3。因此，一页书的质量大约是 0.005 cm×15 cm×20 cm×1 g/cm^3≈1.5 g，将一页书翻到垂直，势能的增加大约为（1.5×10^{-3}×10）N×0.1 mJ≈1.5×10^{-3} J。考虑到书的大小不同，纸的厚薄不同，这个能量可能会上下相差一个量级。

射电天文中观测源的流量密度通常小于 1 Jy（不考虑太阳，如果按照太阳计算，那么仅太阳射电观测接收到的能量可能就已经可以翻动一页书了）。目前世界上用于天文观测的射电望远镜已经有不少了，有一些还是阵列望远镜，但大部分阵列望远镜的等效口径都不到 100 m。如果按照世界上平均每个国家和地区（全世界大约有 200 个国家和地区）有一台等效口径 100 m 的望远镜计算，全世界射电望远镜的接收面积大约为 200×π×50^2≈1.6×10^6 m^2。观测频带宽度

流量密度：单位时间、单位频率间隔内通过单位面积的能量。

是 1 GHz，假定近 100 年来，全世界的射电望远镜都在观测 0.1 Jy 的源，那么接收到的总能量大约为 0.005 J。这些能量勉强可以翻动一页书。

上面的计算中，接收面积和观测时间是很不确定的。按照公开渠道能查到的射电望远镜，总的接收面积应该比上面的估计要小，而且大部分射电望远镜都是近些年建成的。所以总的接收面积可能比上面的估计值小一两个量级，观测时间也可能小一个量级。"射电天文学自诞生以来所接收的总能量还翻不动一页书"这句话至少已经有 20 年的历史了。20 年前，世界上的射电望远镜没有现在那么多，所以总的接收面积应该小很多。那个时候的技术还不能制造出宽带接收机，观测带宽只有现在的 1/10，甚至 1/100。这样计算出接收到的总能量就比上面的值小几个数量级。所以，那个时候是可以很放心地说这句话的。

按照射电波段的定义，频率 3000 GHz 以下都是射电波段，所以毫米波和亚

ALMA 望远镜阵列

未来 SKA 的效果图

毫米波望远镜也可以归为射电望远镜。这些望远镜频率较高，但带宽并没有数量级地增大，加上毫米波和亚毫米波望远镜的总接收面积有限。考虑到这个波段源的典型流量密度也没有数量级的差别，所以这些望远镜接收到的信号相比低频射电望远镜少。

总结起来，随着射电望远镜的发展，世界所有射电天文观测接收到的能量接近可以翻动一页书了。

第三篇　中国天眼

55　为什么要建 FAST

现代科学技术的发展大多满足某种标度律。其中，最著名的标度律是反映半导体芯片发展的摩尔定律。这个定律指出，芯片上集成的元件数量每 18 个月翻一番。类似地，反映射电望远镜发展的利文斯通（Livingstone）曲线表明，从 1940 年开始，射电望远镜灵敏度大约每 3 年翻一倍。按照这个发展规律，人类理应在 20 世纪末到 21 世纪初建设一台大型望远镜（阵列）。这样的大型望远镜的概念最早可以追溯到 SKA 的前身——大射电望远镜（large radio telescope，LT）。这是 FAST 概念的来源。

一方面，20 世纪末，科学技术快速发展，人类生产生活使用了越来越多的无线电频段，产生了越来越多的无线电发射，发射功率也在增大，我们所处的电磁环境不断恶化。在这个时期，世界各国的射电天文学家达成了共识，应该在地球上的电磁环境被彻底破坏之前建造一台大射电望远镜，对宇宙进行仔细的深度巡天。

另一方面，在 20 世纪下半叶，我国曾经建造过 25 m 口径的全可动望远镜，参与了国际甚长基线干涉测量观测，开展了脉冲星观测；也建造过密云综合孔径望远镜阵列，完成了一次巡天，取得了一些科学成果。这些设备为我国培养了一批射电天文科学和技术方面的人才。但我国的射电天文观测设备一直落后于国际水平，直到 20 世纪 90 年代，我国最大的全可动射电望远镜口径只有国际上最大的全可动射电望远镜的 1/4，观测能力十分有限，在国际上几乎没有影响力。我国天文学家迫切期望参与到大射电望远镜的国际合作中，发展我国的射电天文事业，提升我国射电天文的国际影响力。

对于计划中的国际合作大射电望远镜，各国科学家有不同的方案，包括大量小口径望远镜的方案、少量大口径望远镜的方案。前一种就是现在 SKA 所采取的方案。后一种少量大口径望远镜的方案由我国科学家提出。在这个"中国方案"中，需要建造几台口径数百米的巨型射电望远镜，加上若干百米口径的射电望远镜，使得总接收面积达到1平方公里。经过多次讨论，最终，"中国方案"没有得到国际天文学界的支持。

虽然"中国方案"没有被采纳，但我国天文学家不希望错过这个机会，仍然希望建造自己的大口径射电望远镜。虽然经费不足，但在国家天文台等多个单位研究人员的坚持下，在已有的望远镜前期选址、概念设计和科学目标设计等预研基础上，大口径射电望远镜初步设计的相关工作得以继续推进，形成了利用贵州省大型喀斯特洼地建造巨型射电望远镜的构想。

FAST最终在2007年立项，大射电望远镜的"中国方案"以另外一种形式在中国大地上开花结果。这就是FAST的由来。FAST的建成使得我国一举拥有了世界上最大、最灵敏的单口径射电望远镜。借助FAST，我国天文学家已经取得了一系列重要成果。这些成果很多都是没有FAST就无法取得的。

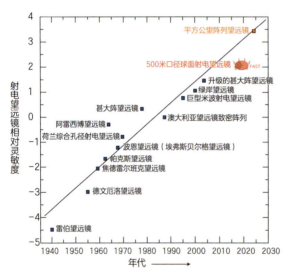

射电望远镜灵敏度发展的利文斯顿曲线
（灵敏度采用相对值取对数，以 ATCA 为 1）

SKA 的先导阵列之———MeerKAT

56　FAST 的口径为什么能达到 500 m

全可动射电望远镜的反射面在观测的时候会整体运动，接收机与反射面保持相对位置不变，将光轴指向源的方向。反射面的俯仰角靠一根轴进行调节，而方位角通过另一根轴或者整体转动进行调节。为了实现反射面整体的运动，反射面只有少量支撑点。对于通常的反射面结构，重力变形随口径的增大而增大。目前世界上口径最大的全可动望远镜有德国的埃菲尔斯伯格射电望远镜和美国的绿岸望远镜。埃菲尔斯伯格射电望远镜对结构进行了特殊设计，保证反射面变形的时候从一个抛物面变为另一个抛物面，因而不影响聚焦。绿岸望远镜采用了复杂的支撑结构，并且安装了主动反射面，可以通过促动器修正重力导致的反射面变形。我国已经开始在新疆建设一台 110 m 口径的射电望远镜，也将采用主动反射面。

一方面，要建设更大口径的全可动望远镜会面临更多技术问题，要克服重力变形就需要更复杂的支撑结构和主动反射面，望远镜的造价也会迅速增长。这些因素使得建造更大口径的全可动射电望远镜困难重重。然而，在脉冲星、快速射电暴和星际介质磁场等研究中确实需要更大口径的射电望远镜。

美国曾经的阿雷西博望远镜为我们提供了一个可能的方向，就是在喀斯特洼地中建造非全可动的射电望远镜。阿雷西博望远镜口径 305 m，最早是用于电离层研究的，只需要观测天顶附近有限的范围。阿雷西博望远镜建成后逐渐升级，修改了馈源舱的位置，配备了天文观测用的接收机，取得了包括脉冲星双星、毫秒脉冲星等一系列重要发现。

那么是不是按照阿雷西博望远镜同样的设计等比例放大就行了呢？阿雷西博望远镜的主反射面是球面，为了实现点聚焦，在反射面上方安装了复杂的改正镜系统，导致馈源支撑平台的总质量达到了大约 1000 t。如果将阿雷西博望远镜进行简单的放大，那么在口径达到 500 m 的时候，馈源支撑平台总质量将接近 10 000 t。这是不可想象的。过重的馈源支撑平台不仅造成建设上的困难，也使得望远镜维护困难，安全性很差，一旦发生故障就有可能产生毁灭性后果。

为了建设口径500 m的射电望远镜，FAST工程首先在我国贵州省进行了大量台址搜寻和勘察，找到了适合建设500 m望远镜的喀斯特洼地。在主体结构上，FAST在反射面和馈源支撑上进行了创新。FAST使用了主动反射面，部分反射面区域可以实时变形为300 m口径的抛物面，无须复杂的改正镜系统就可以实现点聚焦，这极大地减轻了馈源支撑系统的重量。为了能进行观测，馈源支撑系统需要将馈源放置到抛物面焦点，并随抛物面的变化而变化。因为主动反射面和馈源支撑系统之间没有固定的连接，测量和控制系统保证了反射面变形产生正确的瞬时抛物面，馈源相位中心位于瞬时抛物面的焦点。

依靠艰苦的台址搜寻和在主体结构上的创新，我国最终建成了口径500 m的中国天眼。

FAST 馈源舱

57　FAST 的创新有哪些

FAST 不同于传统的全可动射电望远镜。全可动射电望远镜需要一个支架将整个反射面支撑起来，通过俯仰轴和方位轴的转动将反射面轴线指向不同方向。由于受到重力变形的影响，当全可动望远镜的口径达到百米时，所需的支撑结构就已经非常庞大。如果口径进一步增大，工程上会有更大挑战，建造经费也会非常高昂。所以，如果要大幅增大射电望远镜口径，需要另辟蹊径，大胆创新。

20 世纪 60 年代，为了探测地球电离层，美国建造了阿雷西博望远镜。这台望远镜口径达到了 305 m。这台望远镜的反射面是固定的球面，因为球面会将平行光聚焦到一条线上，所以最初这台望远镜使用线馈源。线馈源带宽很窄，只有几十兆赫。这个带宽可以满足最初的电离层探测，但对于射电天文观测来说太窄了。后来，天文学家为阿雷西博望远镜设计了二次反射镜和三次反射镜，实现了点聚焦。这极大地提升了阿雷西博望远镜的性能，使其成为真正的天文望远镜。阿雷西博望远镜也取得了一些独特的观测成果。

FAST 借鉴阿雷西博望远镜，建造在喀斯特洼地中。在我国贵州省的数万个洼地中，科研人员采用创新的地形分析和卫星遥感方法，快速找到了候选洼地，极大地减少了望远镜选址的工作量。FAST 采用了主动反射面技术，可以根据观测目标的位置，将反射面相应部分从球冠面变为抛物面，实现主焦点聚焦，省去了副镜。这使得 FAST 的馈源支撑系统实现了轻量化。FAST 的馈源舱总重量不超过 30 t。其设计和阿雷西博望远镜馈源支撑平台的设计完全不同。事实上，FAST 没有固定的馈源支撑平台，FAST 的馈源舱要根据观测目标的位置在焦平面上运动，这是通过索驱动系统实现的。为了将馈源精确定位到焦点，FAST 馈源舱内还安装了一次精调平台和二次精调平台。

FAST 的主动反射面是将反射面单元固定在钢索编织的网上形成的，这个索网通过下拉索改变形状，实现反射面变形。FAST 反射面边缘索网固定在一个圈梁上。圈梁与其支撑结构没有固定连接，而是采用了桥梁中常用的滑移支座，这就解决了热胀冷缩在支撑结构中产生的巨大应力问题。FAST 主索网在工作过程中，要在高应力幅条件下经历数十万次应力循环而不损坏。这是对钢索前所未有的要求，工程团队和企业合作进行了多次改进和测试才最终制造出了满足要求的钢索。

馈源支撑塔是 FAST 馈源支撑系统最重要的结构之一。由于施工场地受限，无法使用塔吊。馈源支撑塔是利用自身结构从下往上逐个部件拼接完成的。

依靠独一无二的天然台址、主动变形的反射面和轻型索驱动馈源支撑三大创新，FAST 得以成为世界上最大、最灵敏的单口径射电望远镜。

FAST 圈梁和馈源支撑塔施工

FAST 主动反射面的下拉索和驱动器

FAST 反射面单元的安装过程

58 FAST 对台址的要求有哪些

和全可动射电望远镜不同，FAST 的反射面不是全部架空的，而是架设在地面附近，只能局部变形，不能整体大范围运动。全可动射电望远镜架设在平地上，如果 FAST 同样架设在平地上，那么 FAST 的圈梁高度会达到大约 200 m，建造难度会大大增加。所以，FAST 需要一个洼地作为台址，利用洼地边坡作为圈梁的基础，以避免修筑过高的圈梁。

洼地是普遍存在的，但 FAST 对作为台址的洼地有很多要求。FAST 作为一台射电望远镜，有很多电气设备，遇水会损坏，所以作为台址的洼地不能积水。这个要求非常高。大部分地区的洼地，雨季时周围的水通常会汇集过来形成一个池塘。不积水的洼地通常出现在喀斯特地貌中，这里地表布满裂隙，地下排水通道众多，水大部分最终都流入地下暗河。喀斯特洼地良好的排水性能使其适合作为 FAST 的台址。喀斯特洼地也充满了不确定性，地下可能有溶腔和空洞，也可能有断裂带。这些结构从表面看不出来。作为台址的洼地，需要有稳定的地质条件，能够支撑 FAST 的主体结构。

通过观察可以发现，并不是所有的喀斯特洼地都不积水，有的洼地本身就是水塘，有的洼地在降雨的时候会积水。裂隙一方面可以帮助排水，另一方面也可能导致洪水倒灌。问题的关键在于相对高度，在一个区域中，只有地势最高的洼地才不会出现倒灌现象。在降雨量特别大的时候，还可以通过人工排水通道向周围较低的洼地排水。

对于 FAST 这样的大口径望远镜来说，修整洼地形状所涉及的土石方开挖量通常巨大。要减少开挖量，重点就是找到形状合适的洼地。FAST 的反射面是球冠面，作为台址的洼地应该大小合适，形状接近球冠面。喀斯特地貌中有众多的峰丛和处于其间的洼地。很多洼地是破缺的，在某个方向有缺口。在形态完整的洼地中，口径超过 500 m 的洼地不多，在符合上述条件的洼地中，开口为圆形、洼地表面接近球冠面的就更少了。

洼地周围通常有山峰围绕，局部来看，山高坡陡。这样的环境在通常情况下是稳定的，但如果对底部进行开挖，就有可能产生滑坡。如果周围山体下沉基岩层是向洼地内倾斜的，那么开挖非常容易产生滑坡。这在喀斯特地区的基础设施建设中是经常碰到的问题。所以，应该尽可能找到周围山体稳定的洼地。

FAST 台址大窝凼原貌

作为一台灵敏度非常高的射电望远镜，FAST 容易受到人类活动产生的无线电干扰，所以台址应该避开人类聚集区。FAST 的台址——大窝凼就避开了旁边的克度镇，而且海拔比周围的洼地高，这不仅有利于排水，也有利于遮挡来自地面的射频干扰。

FAST 台址大窝凼的海拔比周围的洼地高

59 FAST 台址大窝凼是怎么形成的

FAST 台址地处贵州省南部的平塘县境内，与广西北部相邻，位于珠江流域上游的红水河左岸。该区域地貌属于我国云贵高原东部向广西丘陵盆地的过渡地带。贵州地势特殊，经历了多次地壳运动，具有复杂的岩层组合，形成了丰富多彩的地形地貌。以贵州为中心，连接桂北、滇东、湘西、川东南等地，形成了喀斯特地貌分布面积最大的片区。结合 FAST 所在区域的实际地貌，包括 FAST 台址在内的贵州地貌演化可以分为以下几个阶段。

第一阶段为新近纪中新世早期。在新构造运动影响下，区域性地壳主要表现为隆升背景下的断块活动，广泛发育山间盆地，一般发育三级剥夷面，主要形成多层山岳地貌。

第二阶段为新近纪中新世中期，这是包括 FAST 台址在内的贵州喀斯特地貌发育的重要时期。贵州地壳产生差异性抬升，断块活动减弱，不但破坏了早期形成的剥夷面，而且再次发生了广泛的剥夷作用，发育三级剥夷面，形成黔中和黔东北山原多层山岳地貌。

第三阶段为新近纪中新世晚期、上新世及第四纪更新世早期。中新世晚期和上新世形成两级剥夷面，第四纪更新世早期，受印度板块对中国大陆板块北西向挤压作用影响，包括 FAST 台址在内的贵州自西向东产生大面积、大幅度间歇性掀斜隆升，气候湿热，不但有利于喀斯特地貌的发育，而且形成最后一级剥夷面，至今仍在继续上升并被改造中。本期形成的地貌是贵州高原的主体，为贵州西部多层山岳地貌的形成阶段；同时，河流迅速下切形成深切峡谷，是贵州丰富多彩和具有多层结构的喀斯特地貌和峡谷地貌的形成期。

具体到 FAST 台址，其喀斯特洼地地貌的形成演化过程可以分为挤压变形阶段、溶洞形成阶段、喀斯特塌陷阶段、洼地雏形阶段、洼地发育阶段、洼地成形阶段。

在印度板块向亚欧板块碰撞、A 型俯冲的远程扩张效应和青藏高原隆升的影响下，FAST 台址及其周边区域受近东西向的挤压，形成近南北向的紧闭向斜和宽缓背斜相间组成的箱状褶皱和断层，克度向斜就是其中之一。在克度向斜近轴部发育南北向的破碎带，宽约 30 m 的董当断层。董当断层从 FAST 台址所在的喀斯特洼地中部呈南北向贯穿。

董当断层形成后，断层破碎带构造角砾结构松散，大气降水及其形成的地表水通过董当断层破碎带渗入地下，与地下水产生水力联系，加速了处于潜水位之下的断层破碎带及两盘可溶性碳酸盐岩的溶解速度，在潜水位附近沿断层破碎带形成地下暗河。同时形成了隐伏积水溶洞或隐伏溶潭，溶洞或溶潭底部或下部与地下暗河相通。由于长时间的溶蚀作用和洞壁垮塌的影响，溶洞规模不断扩大。

受新构造运动影响，地壳不断抬升，加上其他地球动力作用，如地震等，溶洞顶板不断产生崩落，使得其顶板厚度变薄，打破其顶板支撑平衡条件而导致溶洞顶板垮塌，使隐伏溶洞出现天窗，出现较为典型的喀斯特塌陷。

在大气降水、风化作用和溶蚀作用等地球外动力持续不断的作用下，新构造运动使地壳不断抬升，喀斯特塌陷形成的洞壁鹰嘴岩沿卸荷裂隙产生崩塌，导致溶洞顶板崩落范围不断加大，崩塌堆积体受溶蚀作用影响，被溶解的物质随地下河水流动而被带走，形成喀斯特洼地的雏形。

在地壳不断抬升影响下，受降水、风化和溶蚀作用等地球外营力不断作用，洼地中上部的陡壁、危岩体失重，并沿卸荷裂隙产生进一步的崩塌，而崩塌堆积体受溶蚀随地下河河水流动而被带走，该洼地得到进一步发育。在新构造运动的影响下，包括 FAST 台址在内的贵州地壳产生面型间歇性、掀斜性和差异性隆升，罗甸大小井地下河系统中地下河下切加速、地下水位下降，在 FAST 台址所处喀斯特洼地的南面形成了海拔相对较低的喀斯特洼地群。而 FAST 台址所处的喀斯特洼地成为该区域发育早、发育地层层位新和发育海拔高的喀斯特洼地之一，也是该区域规模最大、形态较浑圆的喀斯特洼地。

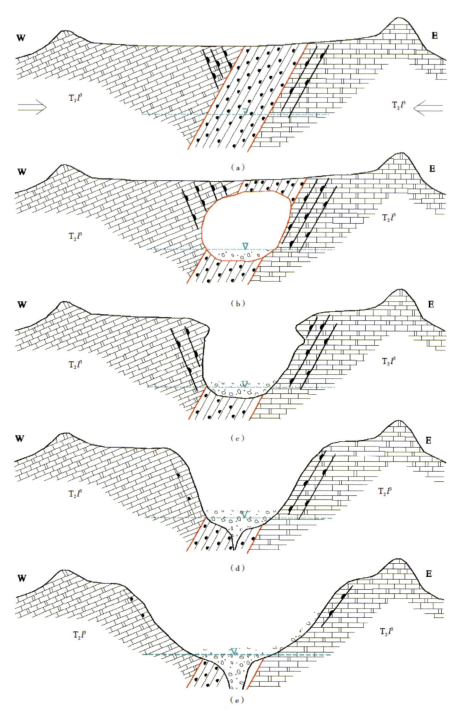

FAST 台址喀斯特峰丛洼地形成演化模式图

60　FAST 台址大窝凼是怎么被找到的

FAST 是世界上最大的单口径射电望远镜。利用喀斯特洼地巨大的尺度和深度，FAST 的天顶角将达到 40°。为了实现 500 m 口径，并且球冠反射面能主动变形为抛物面，馈源能在半空中的焦面上自由地、连续地定点和移动，FAST 对台址的基本要求相比其他同类望远镜也明显更高。

FAST 台址条件的具体要求包括：远离密集的居民区，以尽可能地减少人为干扰，降低工程占地面积和移民成本；寂静的无线电环境，以适应高精度、高灵敏度的射电天文观测；封闭的洼地地形，望远镜坐落于洼地内，四周有山峰和山梁可以阻挡外来的无线电干扰；良好的洼地地形，原始地形越圆、越接近球面，越能减少开挖的工程量，球面开口要在 500~800 m；稳定的地质构造，要满足 50 年的设计寿命，FAST 台址周围就不能有活动断层和地震活动带，山地边坡也应该稳定，而不能有大规模的不良地质现象；坚实的岩石地基，是支撑馈源塔、圈梁稳定的基础保障，同时还要为反射面主动变形提供稳固的上拔力；自然灾害少，但大雪和凝冻将大大增加反射面的荷载，冰雹会损坏反射面，内涝会使得底部的电力和通信设备进水而导致望远镜瘫痪，滑坡、崩塌会直接毁坏望远镜设施。

FAST 的选址技术包括卫星遥感信息解译、地理信息系统分析与模拟、局地气象监测、无线电环境监测、地形与地质测绘、物探、钻探等技术。首先使用卫星遥感数据显示地表喀斯特的分布区域与发育程度，利用数字化等高线地形图生成数字高程模型，模拟球面反射面的直径，针对不同的反射面及其位置进行模拟开挖，计算可能的开挖方量及其位置，三维分析地形特点和工程建设布局。基于这些专项分析工作可以评价得到优选洼地。对优选的洼地在洼地底部、半山坡、垭口和山顶定点监测温度、风力、风向和无线电环境状况，分析洼地不同地貌部位的气象和无线电环境状况差异；对典型的地形和地质进行测绘和制图，以准确掌握洼地的地形特点和环境地质差异。在确定台址后开展重要部位的物探和钻探，以探测洼地地下的岩性、岩层结构、土石界面、地下喀斯特等状况，通过岩样测试，分析岩层的承载能力。

　　FAST台址大窝凼是从地形和洼地尺度方面经历了几个阶段逐步筛选出来的。首先，综合应用陆地卫星遥感影像、1∶100 000地形图分析和考察喀斯特发育状况以后，确定了平塘县和普定县为选址的关注地区。在对上万个洼地影像和地形信息进行分析的基础上，获得了1000多个洼地的地理坐标、山峰数量与分布、最高山峰高程、最低垭口高程、洼地底部高程、洼地长轴方向、洼地长轴与短轴的比值、洼地利用状况等信息要素。建立FAST工程选址优选喀斯特洼地数据库，共391个洼地，要求这些洼地有较规则的形态，椭圆度小于1.5，有较完整的封闭性，周围至少有3个山峰环绕，峰与峰距离大于300 m，洼地深度大于100 m。此后，综合多方对洼地大小、形态和视野的要求，筛选出了24个相对较好的洼地开展进一步的比选，对洼地形态、典型地形剖面、开挖

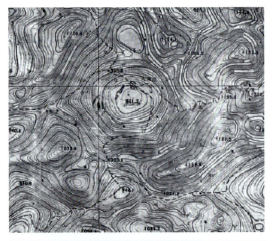

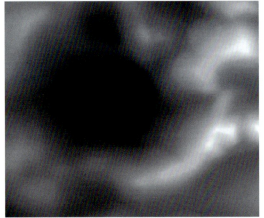

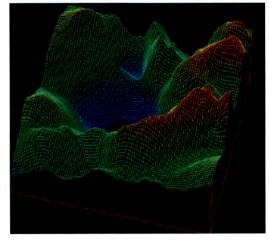

大窝凼等高线图、数字高程图、三维图像

土石方量进行初步分析和拟合。基于 1∶10 000 地形图信息，对其中的打朵、大窝凼、高务、岜山、打多、汪园冲、安纳、冗好、达架、打娘、梭坡、长冲、尚家冲 13 个洼地进行等高线数字化，使平面地形图被赋予高度信息，进而开展适宜球面口径、开挖和回填土石方量、典型坡面的拟合分析。对洼地山峰开口 550 m、最低垭口处圆直径 400 m、最低垭口与洼地底部高差 77 m 的普定县尚家冲洼地，以及洼地山峰开口 820 m、最低垭口处圆直径 610 m、最低垭口与洼地底部高差 140 m 的平塘县大窝凼洼地进行精细的地形分析，建立了基于反射面球半径、开口半径、反射面位置（平面和高程）信息的 FAST 工程土石方量开挖拟合地理信息系统，并得到这两个洼地最适宜的望远镜口径及其位置。随着望远镜工艺可行性分析的深入和尺度参数的确定，考虑到望远镜的口径和无线电环境，以及气象、工程地质基础等条件，大窝凼洼地在各方面明显占优，因而选定为最适宜建造 FAST 的台址。

61 台址对 FAST 安全运行有什么影响

台址是 FAST 主体部分建造的基础。经过初步勘察，工程人员了解了大窝凼地下的岩层结构。大窝凼周围的岩层向外倾斜，因此在底部的开挖不会导致贵州省常见的滑坡现象。此外，大窝凼地下的基岩有较好的稳定性，能够保证 FAST 的安全运行。

FAST 主动反射面由下方的 2225 个促动器控制。每个促动器都通过地锚固定在地面上。FAST 主动反射面由圈梁支撑，而整个圈梁安装在 50 根长短不一的格构柱上，格构柱安装在大窝凼洼地的边坡上。

主动反射面正常工作是 FAST 安全运行的基础。促动器地锚通过打入地下的锚索固定。喀斯特洼地下方发育了大大小小的溶洞。小型溶洞通过前期的地质勘察很难发现，难免有漏网之鱼。观测过程中，一些打入溶洞的地锚可能会被拔出，影响 FAST 的运行。总体来说，地锚施工过程中未发现大型溶洞，遇到的溶洞体积不大，经过处理后就不再影响望远镜运行。

在 FAST 最外围的圆周上建造了 6 座馈源支撑塔，每座馈源支撑塔的高度在百米左右，为了达到一定刚度，塔身比通常的电力支撑塔更粗壮和厚重，因而自重也更大。因此，这 6 座馈源支撑塔要建造在牢固的基础上。塔脚用于支撑的桩基深入地下 30 多 m，嵌固在稳定的基岩上。

岩层的稳定性只是保证 FAST 安全运行的一个方面。FAST 是 1 台使用主动反射面的望远镜，反射面下方安装了大量促动器。这些促动器都是使用电力驱动的，因此积水对 FAST 的安全运行威胁很大。在喀斯特地区观察可以发现，虽然喀斯特地区遍布地下暗河，但不是所有洼地的水都能直接顺利地流入地下河。有的洼地变成了水塘。有的洼地虽然平时没有水，但是在雨季也会面临洪水倒灌的威胁。保障洼地安全的一个关键就是海拔高度。大窝凼处于区域的分水岭，海拔超过周围的一些洼地。大窝凼底部中心偏东有一个落水洞，东侧有一个非常深的水淹凼洼地。为了确保 FAST 的安全，工程人员还在底部另外修建了一条排水隧道，直接向东侧的洼地引流地表径流。FAST 自落成以来，虽然经历了多次大雨，但底部从未积水。

上面所述是容易看到的台址的自然环境对 FAST 安全运行的影响。实际上，还有一个重要因素会影响 FAST 的安全运行，就是电磁环境。FAST 台址高于周边洼地的另一个好处是，周边的山体可以遮挡来自远处的射频干扰。此外，大窝凼距离最近的城镇超过 5 km，人类活动对其影响较小。在周边半径 5 km 范围内，建立了电磁波宁静区的核心区，禁止使用未经检测的电子设备。在周边半径 5～10 km 区域，降低了移动基站的发射功率，并调整了发射方向。

大窝凼自身原有的优良条件，加上后期的工程改造，使其成为建设大型射电望远镜最合适的台址。

大窝凼原貌

62 FAST 在建造过程中克服了哪些技术难题

FAST 是一台在口径和建造概念上超越了传统的射电望远镜。FAST 选用贵州省的喀斯特洼地作为台址，采用了主动反射面和柔性馈源支撑系统，这是 FAST 的三大创新点。在实现这些创新设计的过程中，工程人员在 FAST 的建造过程中克服了一系列技术难题。

作为 FAST 台址的洼地大小应该适合建造大口径射电望远镜，形状需要接近球冠面，以减少土石方开挖量，同时也减少对台址的扰动。此外，台址洼地应该高于周边的洼地，以避免积水。同时，洼地还要远离城镇，以减少人类活动产生的射频干扰对望远镜的影响。贵州省有大量喀斯特洼地，从这些洼地中找到满足上述要求的洼地是一个巨大的挑战。借助卫星遥感影像，可以找到形状和大小满足要求的候选洼地。借助城镇、路网、人口分布等地理信息可以对洼地进行专项评分。对综合评分较高的洼地进行现场勘察，最终确定了 FAST 的台址。

FAST 主动反射面的支撑结构为圈梁和索网，圈梁由 50 根格构柱支撑，索网结点通过圈梁支撑，索网结点由下拉索与下方的促动器连接。圈梁和格构柱的连接是一个难题。由于温度变化，圈梁会热胀冷缩，而格构柱的位置是固定不变的。如果将圈梁和格构柱固联起来，格构柱会因为圈梁的热胀冷缩而产生巨大的应力。为了解决这个问题，FAST 采用了桥梁中经常使用的滑移支座，将圈梁放在格构柱顶端的滑移支座上，不固定连接。这样，圈梁的热胀冷缩就不会在格构柱上产生巨大的应力。FAST 反射面索网的设计不同于以往所有射电望远镜，这是一个需要主动变形的索网。按运行 30 年计算，FAST 反射面索网要经历数十万次应力循环，普通钢索的疲劳性能无法满足这样的使用要求。在 FAST 设计方案中，索网是要永久使用、不能更换的。如果不能找到疲劳性能满足要求的钢索，稳定的 FAST 反射面索网就无法建成。工程人员用了 2 年时间，和多家企业合作，尝试了多种材料和工艺，最终研制出了符合要求的钢索，跨过了横亘在工程建设面前的一个巨大障碍。

　　柔性馈源支撑系统的一个关键是馈源舱的重量不能太大。如果馈源舱重量超过设计重量，索驱动电机的功率和支撑索的承载力都无法满足要求，索驱动系统将无法正常运行。馈源舱内有两级精调平台，要安装电机、压缩机、馈源等设备和部件。而馈源舱的总重量不能超过 30 t。为了达到这个要求，工程人员将原计划的圆柱形馈源舱改成了扁平的飞碟形状，又将截面的圆形改为三角形，最终在满足舱内设备安装要求的情况下把馈源舱的重量控制在设计指标以下。

　　FAST 的运行需要反射面的精确变形和馈源舱位置的精确控制。精确的测量是这一切的基础。FAST 的测量系统依靠自动全站仪。由于 FAST 体量很大，高差造成的气压变化足以影响激光的传播路径，这给测量结果带来了较大误差。为了解决这个问题，工程人员采用了对向测量的方法，巧妙地修正了传播路径带来的影响，实现了在 FAST 工况下的精确测量。

从下方看 FAST 馈源舱

测量机器人（又称自动全站仪）

动光缆

　　FAST 馈源舱中的信号需要通过光缆传输到总控室。在观测过程中，馈源舱的位置在不断变化，所以信号传输的光缆也在不断进行伸缩运动。这是通常的光缆不会碰到的工况，因而市面上没有现成的产品。FAST 工程人员和光缆研究人员合作攻关，开发出可以经历数十万次弯折而性能基本保持不变的光缆。这种光缆最终满足了 FAST 观测的要求。

　　这些技术难题被攻克后，FAST 才得以顺利建成并以良好的状态开始运行。

63 FAST 建造有哪些施工难点，采用了哪些诀窍

FAST 是世界上最大的单口径射电望远镜，也是一台超越传统的射电望远镜。FAST 的反射面不是全可动的，但可以局部主动变形为抛物面。因此，FAST 是一台主焦望远镜，为了进行观测，馈源舱需要将馈源放到抛物面的瞬时焦点上。为了实现这种设计，馈源舱采用了六索拖动的柔性支撑。因此，FAST 反射面和馈源舱之间没有刚性连接，两个系统必须精准配合才能实现观测。

主动反射面是用索网支撑的，反射面面板单元固定在索网节点带上，索网边缘固定在圈梁上。反射面索网的节点通过下拉索连接到地面的促动器。FAST 台址所在的大窝凼洼地施工场地狭小，大型机械无法展开作业。施工人员首先在紧邻大窝凼的小窝凼填土，修建了一块平地，以这块平地为组装场地。圈梁材料运到后，分段组装。每一段圈梁从这里起吊到旁边已安装好的圈梁之上。圈梁上方有轨道，可以运行轨道车，通过轨道车将要安装的一段圈梁运输到位，然后拼接组装。这个过程类似于高铁架桥机架桥。

FAST 主动反射面变形依靠的是索网变形。大幅度的应力加载循环，钢索易疲劳，具有极佳疲劳性能的钢索是 FAST 成功运行的关键要素。FAST 主索网不仅要坚固，还要精准。为了让每一根索满足要求，每一根索都是在恒温车间中同样的环境条件下制造的。索网的安装也是在组装场地将索组件起吊到圈梁上方的转运小车上，再通过缆索吊吊装到位进行组装。索网安装完成后再通过下拉索连接到地面的促动器。反射面单元也是在同样的安装场地拼装，然后吊装到圈梁上方的转运车上，运送到缆索吊上，然后通过缆索吊装固定到位。

FAST 馈源支撑系统需要建造 6 座高塔，馈源支撑索通过塔顶的滑轮，两端分别连接馈源舱和塔底的索驱动机构。馈源支撑塔要保证一定的刚度才能使馈源舱的控制精度达到要求，所以馈源支撑塔看起来要比常见的高压输电塔粗壮得多。馈源支撑塔位于洼地的边缘，地势崎岖，无法使用塔吊。馈源支撑塔是从底部开始，以搭积木的方式逐渐往上拼接成形的。馈源支撑索本身重量不小，无法

直接安装，是通过细绳牵引粗绳的方式逐级将馈源支撑索牵拉到位进行安装的。

　　FAST主动反射面和馈源支撑系统要精确配合才能正常进行观测。这需要测量与控制系统的配合。对反射面面形以及馈源舱位置和姿态的测量需要一个稳定的基准。为此，FAST建造了24个测量基墩，每个基墩的地下部分有几十米深，直接放置在稳定的基岩上。为了消除温度变化的影响，还在基墩周围建造了保温结构。

　　这里仅简单讲述了部分施工难点及其解决方案，实际建设过程中还有很多施工细节值得感兴趣的人去了解。

从底部看馈源支撑塔

反射面单元的吊装

64 FAST 的反射面为什么是球面，如何聚焦

　　FAST 的中文名称是 500 m 口径球面射电望远镜，从名称就可以知道，FAST 的反射面是球面，这和全可动射电望远镜不同。比 FAST 口径小、全可动的射电望远镜的反射面通常是旋转抛物面。但 FAST 这样的巨型望远镜工作方式不同，无法采用同样的设计。球面是 FAST 反射面的基准形状。球面有很好的对称性，方便设计和施工，并且能保证反射面索网的应力分布均匀。

　　旋转抛物面可以将平行光（或者说平面电磁波）汇聚到焦点。关于这一点，可以观察手电筒、汽车车灯或者探照灯，这些设备的灯泡位于形状为旋转抛物面（反射面）的焦点上，灯泡发出的光通过这个反射面反射后可以变为平行光。由于光路可逆，所以，照射到旋转抛物面上的平行光可以会聚到焦点。球面无法直接将平行光聚焦到一点，要聚焦到一点需要改正镜进行校正。

　　美国阿雷西博望远镜的反射面是球面，需要经过两面改正镜进行两次改正后，才能将电磁波聚焦到一点。为了实现这个复杂的光路，阿雷西博望远镜安装了一个有 3 层楼高的馈源舱，放置在一个馈源平台上。这个平台加上馈源舱，总重量约有 1000 t。FAST 的口径比阿雷西博望远镜大，如果采用相同的方案，按照比例放大，馈源舱重量可能会接近 10 000 t，这么重的馈源舱是很难吊装并保证安全的。阿雷西博望远镜的馈源舱就是因为重量巨大，在钢缆受损后难以维修，最终坠落。

　　为了解决这个问题，FAST 进行了创新。计算发现，300 m 口径的球冠面和某些焦比的旋转抛物面之间的最大差距不到 0.5 米，通过不太大的变形就可以把球面的一部分变为旋转抛物面。如果能将馈源放到焦点上，就可以实现聚焦。FAST 采用了可以实时变形的主动反射面和可以柔性支撑并拖动的馈源舱。观测的时候根据源的位置将反射面适当地区域变形为旋转抛物面，同时拖动馈源舱，始终保持馈源相位中心位于这个旋转抛物面的焦点。来自天体的电磁波近似为平行光，使用这样的创新设计可以将来自天体的电磁波聚焦到旋转抛物

面的焦点上并用馈源接收。实际观测中，由于地球自转的影响，天空和望远镜的相对位置会发生变化，对一个天体进行长时间观测需要在不同时刻形成指向不同方向的抛物面，馈源舱也要移动到相应的焦点位置。所以，FAST 观测是通过反射面实时变形和馈源舱精准运动实现的。

因为使用了主动反射面技术和馈源舱柔性支撑技术，FAST 的光路大大简化，不再需要二次校正。馈源舱的结构得到了很大的简化，重量降低到了 30 t，可以灵活运动。如果需要维修，馈源舱可以降下，这样就避免了阿雷西博望远镜馈源平台那种难以维修的问题。

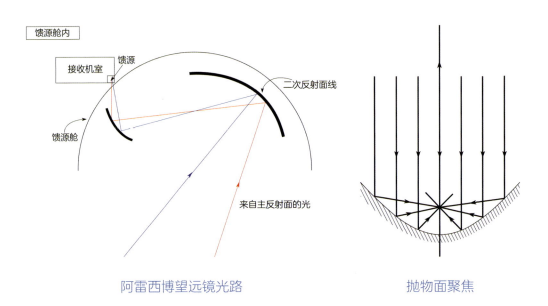

阿雷西博望远镜光路　　　　　　　抛物面聚焦

65 FAST 反射面有 0.5 cm 直径的圆孔，会不会漏掉射电信号

FAST 建在大窝凼洼地中，是一台野外环境中的巨型射电望远镜。FAST 要经受风吹、日晒、雨淋，除了反射面不能积水、主体结构本身要能防腐之外，望远镜下方的洼地也要保持稳定。做到这一点最关键的就是让洼地中的植被正常生长，以保持水土。FAST 的反射面是由 4500 块反射面单元组成的，反射面单元之间有缝隙，阳光和雨水可以漏下，同时反射面上也不会积水。但仅靠这些缝隙透光效果有限，为了让植被正常生长，反射面应该能让部分阳光透过。美国的阿雷西博望远镜面临同样的问题，其反射面使用了金属网。

阿雷西博望远镜的反射面是固定的，而 FAST 采用主动反射面（调整反射面节点，每块反射面单元的形状保持不变），金属网没有足够的刚度，不足以满足动态的面形精度。相比金属网，金属板刚度较高，可以保证反射面单元在运动的时候保持形状不变。所以，FAST 的反射面使用打孔铝板，孔的直径 D 为 0.5 cm，相邻孔中心的距离 L 为 0.67 cm。通过计算可以得到透孔率 = $(\pi D^2/8)/(3^{1/2}L^2/4)$，大约为 50%。从远处看，反射面就像是半透明的，特别是在反射面下方可以清晰地看到周围的山峰和天空。在这样的透空率条件下，反射面下方的植被可以正常生长。

反射面可以透光会不会影响射电波的反射，会不会漏掉信号？这个问题与 FAST 使用的射电波的波长（频率）有关。在实际工作中，有时候需要屏蔽一些电子设备的辐射，通常只需要用金属网将设备包起来就可以了。虽然金属网有孔隙，但大部分辐射不会漏出来，可以起到屏蔽的作用。同样的道理，反射面也可以不让射电波漏掉。当反射面的精度优于电磁波波长的 1/20 时，反射面就可以很好地反射电磁波。FAST 目前覆盖频率为 70 MHz ~ 3 GHz，对应的最短波长是 10 cm，这个波长的 1/20 就是 0.5 cm。所以 FAST 的反射面虽然可以透过可见光，但是可以很好地反射频率低于 3 GHz 的射电波。

FAST 反射面最大的挑战不是反射面板上的孔，而是面形精度。FAST 的反射面在工作的时候需要从球冠面变形为局部抛物面，反射面和抛物面偏离的均方根不能超过 0.5 cm。这个变形过程是通过促动器调整反射面节点的位置实现的。因为反射面节点有 2000 多个，无法做到实时测量，科学家在数据库中存储了不同面形对应的控制参数，在观测过程中查询数据库得到控制参数，对反射面节点进行调整。

按照计划，FAST 还会开展高频观测，现在已经建造了最高频率 3.3 GHz 的超宽带接收机。这些波长较短的射电波可以部分透过反射面，所以反射面的等效面积会减小。随着观测频率拓展到 5 GHz 以上，信号从反射面圆孔中漏掉的影响会越来越大。未来如果要进行大量高频观测，或许需要对反射面进行改造，换成孔径更小的打孔金属板。

阿雷西博望远镜反射面

FAST 反射面

66　馈源舱的并联机器人是怎样工作的

FAST 馈源支撑系统除了拖动馈源舱的 6 根索，另一个重要的部分就是馈源舱内的二次精调平台。6 索拖动馈源舱能达到的位置精度大约为 48 mm，而 FAST 指向精度对应的位置精度是 10 mm，所以需要在馈源舱内增加两级精调平台，在馈源舱 48 mm 位置精度的基础上将馈源相位中心的位置精度控制到 10 mm。此外，6 索支撑的馈源舱能达到的倾角有限，为了使馈源有正确的姿态，也需要精调平台进行调整。从 6 索构成的索驱动系统到二次精调平台，控制精度逐级提高，这样可以避免系统自身不稳定。

馈源舱内的 AB 轴机构由 2 个环组成。每个环可以绕环平面内的一根轴转动，2 根轴互相垂直，分别叫作 A 轴和 B 轴。通过绕 2 根轴的转动，可以改变二次精调平台的姿态，弥补馈源舱倾角的不足。但 AB 轴机构缺少与 A、B 轴垂直方向的自由度，不足以提高馈源相位中心的位置精度。要最终实现设计的位置精度，还需要一个能控制三维位置的机构，这个机构就是 Stewart 平台，也称为并联机器人。在日常生产生活中，这种平台常用于赛车游戏平台、航空模拟训练平台。

三维空间中，一个物体一共有 6 个自由度。要完全控制一个物体的运动状态需要 6 个完全约束。馈源支撑系统需要 6 根支撑索就是出于这个原因。不同的是，6 根索是柔性支撑，不是完全约束，馈源舱的重力也提供了 1 个约束。而二次精调平台使用的并联机器人使用了 6 根杆作为 6 条腿。杆既可以提供拉力，也可以提供推力，6 条腿提供了 6 个完全约束，因而可以控制平台的三维位置和运动状态。

馈源支撑系统的六索支撑加上二次精调平台的并联机器人有能力将馈源相位中心的位置精度控制在 10 mm 以内。但是馈源支撑系统还需要知道具体要将馈源相位中心控制到空间中的哪个点。总控系统根据观测解算出馈源相位中心的运动轨迹，然后将其提供给馈源支撑系统。馈源支撑系统根据运动轨迹，将控制参数分解到索驱动机构和馈源舱内的精调平台。

馈源支撑系统采用柔性支撑，实际控制过程不一定能实现目标运动轨迹。柔性支撑容易受到风的影响，特殊情况下还会产生系统自激振荡。为了解决这个问题，馈源支撑系统采用了闭环控制。测量系统实时测量馈源支撑平台的位置和姿态，并反馈给馈源支撑系统。馈源支撑系统根据理论的相位中心位置可以解算出馈源支撑平台的位置和姿态，将这个值和位置姿态的实测值进行比较，将调整量分解到AB轴机构Stewart平台，对馈源舱内的AB轴机构2个环的转角进行调整，剩余的调整由并联机器人的6条腿完成。

用于飞行模拟器的并联机器人

FAST 的二次精调平台

67 FAST 是如何接收、传输、存储射电信号的

　　射电望远镜和光学望远镜接收信号的原理有所不同。电磁波有波粒二象性，在低频主要表现为波动性，在高频主要表现为粒子性。光学望远镜使用照相底片或者光电元件接收光子，而射电望远镜使用馈源接收电信号。不同波段的馈源大小不同，频率越低，相应的馈源尺寸越大。宽带馈源通常开口较大，然后向底部逐渐缩小，这样就有各种不同尺寸的截面接收不同波长的电磁波。宽带馈源通常都有脊片将电信号引入馈源底部。馈源底部通常有正交的两组探针，每个方向可以测量一个偏振方向的信号。记录信号的强度和相位就得到了电磁波完整的偏振信息。接收到的电信号经过低噪声放大器放大，变为电路中的电信号。

　　FAST 馈源舱承重有限，不能安装过多的设备，所以接收机的数字后端和数据记录设备都安装在综合楼的总控室内。很多射电望远镜也采用类似的方案。

　　不同于通常的射电望远镜，FAST 口径巨大，总控室和馈源的距离超过 1 km。馈源接收到的电信号如果用电缆传输，衰减会非常严重。为了解决这个问题，FAST 采用了光纤传输。放大后的电信号经过电光转换模块转换为光信号，通过光纤传输到综合楼。在综合楼，光信号再经过光电转换模块转换为电信号，然后使用数字后端进行采样。

　　采样后就得到了 2 路偏振的电压时间序列，时间序列经过傅里叶变换就得到了频谱。2 路偏振信号经过取模和相关等运算得到 I、Q、U、V 4 个偏振分量。不同的数字后端产生不同时间分辨率和频率分辨率的数据。这些数据按照不同格式进一步处理提取为脉冲星数据、频谱数据、地外文明搜寻数据。

　　FAST 有多套数字后端，主要分为脉冲星后端、谱线后端和地外文明搜寻后端。脉冲星后端频带宽度为 500 MHz，可以提供 1 kHz、2 kHz、4 kHz 和 8 kHz 通道数的数据，采样时间可以为 49.152 μs 、98.304 μs 和 196.608 μs。其中，由于数据传输速率的原因，8 kHz 模式只有 98.304 μs 和 196.608 μs 两

种采样时间。脉冲星搜索常用的是 4 kHz 通道，采样时间为 49.152 μs。1 kHz 和 2 kHz 的模式在明确知道脉冲星性质、满足观测需求的同时，为了节省存储空间而使用。谱线后端有 500 MHz 带宽、64 kHz 通道和 1 MHz 通道的模式，还有 31.25 MHz 带宽、64 kHz 通道的模式。这三种模式分别适合河外星系观测、分子谱线搜寻和河内星际介质观测。谱线后端的采样时间可以为 0.1 s、0.5 s 或 1 s。地外文明搜寻后端可以提供 5 Hz 的频率分辨率、10 s 的时间分辨率。

由于射电波段光子能量低、光子数多，所以射电望远镜可以将信号分为多个通路而不影响观测灵敏度，这是射电望远镜的一个重要性质。为了不挤占其他科学目标的时间并最大限度地延长地外文明搜寻的时间，大部分地外文明搜寻是和其他科学目标的观测同时进行的。FAST 的信号分为多路接入到不同后端，地外文明搜寻后端在不影响主要科学目标观测的时候都是同时记录数据的。

FAST 的信号传输光缆（细）和电缆（粗）

68　FAST 观测的波段有哪些

FAST 观测频率覆盖 70 MHz ~ 3 GHz。未来低频将扩展到 50 MHz，高频有可能扩展到 8 GHz。按照标准的频率划分，FAST 的观测频率覆盖了 VHF（30 ~ 300 MHz）、UHF（300 MHz ~ 1 GHz）、L（1 ~ 2 GHz）、S（2 ~ 4 GHz）和 C（4 ~ 8 GHz）波段。

这些波段的名称反映了无线电技术的发展历程。在无线电技术发展的早期，3 ~ 30 MHz 的频率就已经算是高频，称为 HF（high frequency，高频）波段。卡尔·央斯基首次探测到来自银河系中心的射电辐射就在这个波段。于是，频率更高一些的波段就称为 VHF（very high frequency，甚高频）和 UHF（ultra-high frequency，特高频）。更高频率波段的命名来源于雷达工程。第二次世界大战中，英国的雷达工程师把 1 ~ 2 GHz 的波段称为 L（Long）波段（长波），相应地把 2 ~ 4 GHz 的波段称为 S（Short）波段（短波）。同时，英国的火控雷达使用 8 ~ 16 GHz 波段。火控雷达的目标用"X"符号表示，所以这个波段就叫作 X 波段。而 S 波段和 X 波段之间的波段就称为 C（compromise，折中）波段。

受接收机技术水平所限，一台接收机只能覆盖一个倍频程（例如 70 ~ 140 MHz）。为了覆盖 70 MHz ~ 3 GHz，FAST 设计了 9 套接收机，其中包括一台 19 波束接收机。随着接收机技术的发展，现在的宽带接收机已经可以覆盖 6 倍频程。FAST 已经开始采用超宽带接收机替代最初设计的多套接收机。

不同的波段对应不同的观测目标，在 70 MHz 左右的波段，最初设计的科学目标包括探测宇宙早期的再电离信号。但这种观测需要很高的角分辨率，目前 FAST 并不适合探测宇宙再电离。FAST 在 VHF 和 UHF 波段的主要科学目标是脉冲星搜寻、连续谱巡天和地外文明搜寻。

L 波段是 FAST 最重要的波段，这个波段里有中性氢 21 厘米谱线和 OH 的 4 条谱线。氢是宇宙中最丰富的元素，因此是星系结构最重要的示踪物之一。FAST 有两个重要的科学目标都和中性氢相关，一个是银河系中性氢成图，另一个是河外中性氢星系搜寻。此外，中性氢也可以用于测量近邻星系的旋转曲线，测量其中暗物质的分布。L波段也是观测脉冲星和快速射电暴的重要波段。FAST的19波束接收机就工作在L波段，覆盖1.05～1.45 GHz波段，是FAST最重要的接收机。到目前为止，FAST的大部分科学观测都是使用这台接收机完成的。FAST已经发现了超过1000颗脉冲星，发现了轨道周期最短的脉冲星双星，测量了致密云核中的磁场，测量了一批重复快速射电暴的偏振轮廓，也探测了黑洞喷流中的准周期振荡。

　　FAST已经在建造50～250 MHz以及500 MHz～3 GHz的超宽带接收机。覆盖整个观测波段只需要3～4台接收机，这样就可以将所有接收机装在同一个平台上，切换频率无须拆装接收机。未来FAST的脉冲星和快速射电暴观测将扩展到S波段，FAST也将在S波段开展分子谱线搜寻。随着频率的拓展，FAST将有可能开展C波段观测。

X波段雷达

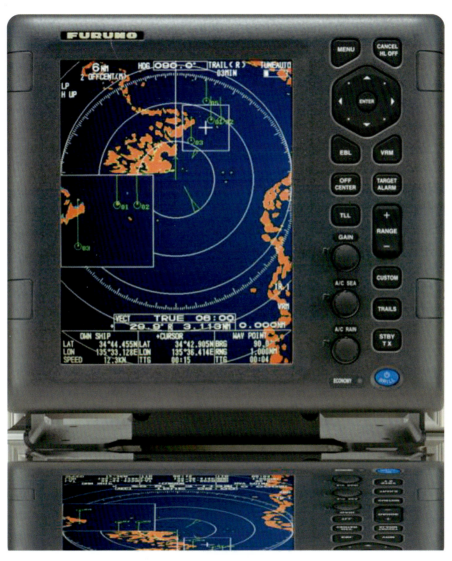

雷达屏幕

69 FAST 有哪些观测模式

FAST 的结构不同于以往的望远镜。FAST 的主动反射面只能进行小幅度的变形，不能像全可动望远镜那样整体运动。观测的时候，FAST 依赖主动反射面和馈源支撑系统的配合。这两个系统之间没有刚性连接，它们的配合依靠的是测量与控制系统的精确测量和精准控制。FAST 的这个特点给测量与控制系统的建设和调试带来了特殊的困难，但这个特点也使得 FAST 有很大的自由度，可以根据需要设计不同的观测模式。

FAST 最先实现的就是漂移扫描（drift scan）模式，也称为中星仪扫描模式。在这个模式下，保持反射面变形区域和馈源位置不变，借助地球转动完成扫描观测。由于地球自转轴在进动，不同日期的扫描线沿不同历元的赤纬互相不平行，这使得对某些天区的扫描不均匀。为了解决这个问题，FAST 开发了沿固定历元的赤纬扫描模式。在这个模式下，反射面变形区域和馈源位置需要做小幅度调整。

除了漂移扫描模式外，FAST 最经常使用的观测模式有跟踪（tracking）、源上 – 源外（ON–OFF）、运动中扫描（on-the-fly, OTF）。由于地球自转，远方的天体和太阳一样东升西落。为了能持续观测一个天体，FAST 需要调整反射面变形区域和馈源的位置，时刻凝视这个天体。不同于其他望远镜，FAST 有馈源位置和姿态的实时测量数据，所以可以评估跟踪的效果。观察者可以根据测量数据判断观测数据的质量。跟踪观测通常用于受背景和前景辐射影响较小的源，例如脉冲星、快速射电暴、恒星的射电爆发。对于河外星系来说，需要扣除背景和前景辐射的影响，这个时候就需要分别对源的位置以及源外的某个位置进行通常时长的观测。这个模式就是源上 – 源外观测模式。对于邻近的河外星系，我们不仅对星系中心的频谱感兴趣，还对星系周围一个区域的频谱感兴趣，这种情况就要对星系周围的一个天区进行扫描。这种模式的特点就是让反射面变形区域和馈源在跟踪的同时叠加一个往复运动。

　　通常的射电望远镜也有上面这些观测模式。FAST 还有一些专门为使用 19 波束接收机设计的观测模式。例如多波束运动中扫描（multi-beam OTF）、快照（snapshot）。在使用 19 波束接收机进行扫描的时候，需要将接收机和扫描方向保持特定的夹角才能保证扫描线间隔均匀、互不重复，为此，设计了专门的多波束运动中扫描模式。19 波束接收机的波束总体按六次对称排列，相邻波束之间相距 2 个波束宽度，也就是空了 1 个波束。要填满这些空隙，需要在 1 个波束周围再观测 3 次。为此，FAST 设计了快照模式，可以连续完成 4 个位置的观测，无须观测者自己计算 4 个位置。

　　除了上述这些模式，FAST 还开发了一些用于跟踪特殊天体（例如太阳系内的行星和小行星）的模式。考虑到总是有额外的观测需求，FAST 还保留了一个自定义模式，FAST 可以根据用户提供的望远镜馈源相位中心在地平坐标系中的三维轨迹进行观测。

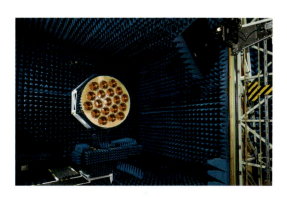

FAST 的 19 波束接收机

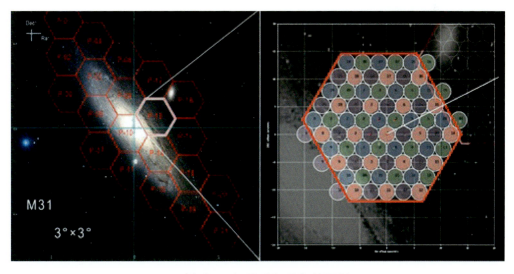

19 波束 4 次观测实现完整覆盖

70 FAST 每个小时能够接收到的数据总量是多少

观测数据是每台射电望远镜最重要的产品，是射电望远镜科学产出的基础。频率通道数、时间分辨率和观测模式决定了 FAST 观测产生的数据量。FAST 接收到的原始数据从本质上来说是电压的时间序列，每个电压值用一个字节表示。FAST 使用 19 波束接收机时的采样率为 1 GB/s，因为有 2 个偏振方向，所以每个波束每秒钟记录的基带数据为 2 GB。如果同时使用 19 个波束，每秒的数据量为 38 GB，每小时的数据量为 136.8 TB。一些科学目标需要方便地调整时间分辨率和频率分辨率，因而要记录基带数据。

通常的观测不需要使用原始数据，而是使用数字后端处理过的不同格式的数据。这些数据由固定的通道数和采样时间计算得出。典型脉冲星观测使用 4 kHz 通道，采样时间 49.152 μs，4 个偏振通道。由此可以计算，一个波束每秒的数据量为 320 MB，每个小时的数据量为 1 TB，19 个波束每小时的数据量为 19 TB。使用 1 kHz 通道，采样时间 196.608 μs，2 个偏振通道，脉冲星观测一个波束每秒最小的数据量为 10 MB，每个小时的数据量为 35 GB，19 个波束每小时的数据量为 665 GB。

典型的谱线观测使用 64 kHz 通道，采样时间 1 s，4 个偏振通道。由此计算，一个波束每秒的数据量为 254 kB，每个小时的数据量为 893 MB，19 个波束每小时的数据量为 17 GB。如果使用 1 MHz 通道，采样时间 0.1 s，4 个偏振通道，一个波束每秒的数据量为 40 MB，每小时的数据量为 141 GB，19 个波束每小时的数据量为 2.6 TB。

典型地外文明搜寻观测使用 5 Hz 频率分辨率，10 s 时间分辨率，一个波束每秒的数据量为 10 MB，每个小时的数据量为 35 GB，19 个波束每小时的数据量为 668 GB。

实际观测的时候，FAST 经常进行多目标的同时观测。由上面的分析可以看出，数据量主要由脉冲星观测决定，考虑脉冲星观测就能得到大致合理的数据量。FAST 已经研制了超宽带接收机和相位阵馈源。500 MHz～3 GHz 的超宽带接收机会使单波束观测的数据量增加到现在的 5 倍。焦面阵馈源可以合成出 100 个波束，数据量约增加到 19 波束的 5 倍。

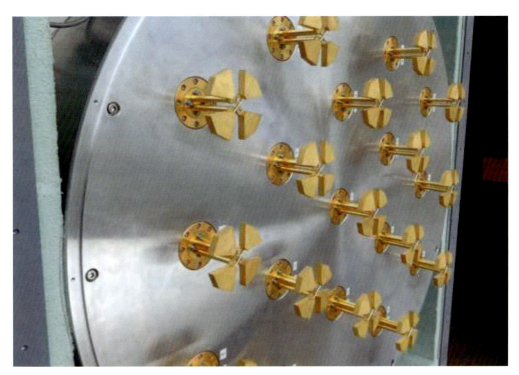

美国国立射电天文台的相位阵馈源

71 FAST 白天也能观测吗

　　人们对天文观测的通常印象都是在夜里用望远镜看夜空中的星体。对于可见光天文观测，如果观测目标不是太阳，确实只能在夜里观测。原因在于白天太阳光太强了，地球大气散射太阳光，使得整个天空都非常明亮，遮蔽了星光。在白天，可见光波段只能看到太阳和月亮。如果没有大气，即使太阳光很强，偏离太阳一定角度，天空也是暗的，是可以进行可见光观测的。例如，月球上没有大气。月球上看到的天空在有太阳的时候也是暗的。在这种情况下，在白天也是可以进行观测的。

　　地球大气只对部分波段的电磁波透明，最大的两个窗口是可见光和射电波段。地球大气对射电波的透明度比对可见光更高，部分波段的射电波几乎不受地球大气的影响。地球大气对射电波不仅吸收很少，而且散射也很少，近似于没有影响。如果我们能看到射电波，那么我们看到的射电天空就和在月球上看到的天空一样，在偏离太阳的方向上是暗的。在这种情况下，在白天也是可以进行观测的。

　　射电波段覆盖了频率低于 3000 GHz 的电磁波。地球大气并不是对所有这些波段的电磁波都透明。当频率高于 10 GHz 时。地球大气就开始逐渐不透明，水汽会吸收这些电磁波，而且频率越高，水汽吸收越强。因此，主要观测频率在 100 GHz 以上的射电望远镜就需要建造在海拔较高、天气干燥的地方，在这些波段的观测通常只能在夜间进行。但也有例外情况，如建设在智利阿塔卡马高原这样大气特别干燥的射电望远镜，可以在白天进行这些波段的观测。观测频率高于 1000 GHz 的射电望远镜通常只能放到飞机上或者太空中。

　　地球大气中的电离层对于频率低于 10 MHz 的电磁波是不透明的，所以在地面上也无法使用这个波段的电磁波进行观测。FAST 的观测波段覆盖 70 MHz ~ 3 GHz，这个波段处于大气最透明的波段。因此，大气对 FAST 的观测没有影响，FAST 的大部分观测都可以在白天进行。不仅如此，阴天和下雨对 FAST

的观测也没有影响。除了出现会影响望远镜结构安全的雷雨、大风等极端天气外，FAST 可以全天进行观测，每天的观测时间都接近 24 h。

不过，并非 FAST 的所有观测都能在白天进行。一方面，虽然大气对 FAST 观测波段的射电波是透明的，但太阳是一个强射电源，如果望远镜指向偏离太阳方向，也会接收到少量来自太阳的辐射。另一方面，白天的温度变化也会使得望远镜的增益发生变化。这些效应对通常的观测没有很大的影响，但对于一些需要进行高精度测量，例如成图观测，太阳的射电辐射和望远镜的增益变化会影响成图质量，进而影响一整片天区的观测结果。所以，很多成图观测都选择在夜间进行，以避免受到太阳的影响。

未来，我们可能会建设月球基地，那时就可以在月球上进行射电观测了。月球没有大气和电离层，几乎所有波段的射电观测都可以全时段进行。

月球上没有大气，看到的天空是暗的

72 FAST 严重依赖电力供应吗

和光学观测不同，射电天文观测记录的是电信号，即使可以手动调整望远镜指向，但数据接收通常都是需要用电的。大口径的射电望远镜观测的时候调整观测方向都是用机械完成的，虽然传动装置各不相同，但动力来源通常都是电机。现代射电望远镜的信号处理和数据记录都借助服务器，服务器的运行也需要电力。

我们可以根据工程设计要求计算 FAST 对电力的需求。FAST 有较大电力需求的子系统主要包括主动反射面、馈源支撑。

FAST 和全可动射电望远镜不同，反射面不能整体运动。但 FAST 的反射面并非固定不动，而是可以通过反射面下方的促动器拉动反射面节点进行变形。促动器需要用电。FAST 主动反射面一共有 2225 台促动器，每台促动器的功率大约为 400 W。观测的时候通常有 1/3 左右的促动器在工作，总的功率大约为 300 kW。实际工作的时候，每台促动器不一定达到满功率运行，所以这个总功率可以看作一个粗略上限。FAST 现在已经基本实现了全天运行，每年的工作时间可以达到 5000 h。所以，FAST 主动反射面每年大约需要 150 万 kW·h 的电量。

FAST 馈源支撑系统采用柔性支撑，由 6 根索驱动馈源舱。索的张力最大可达 300 kN。FAST 馈源舱从焦面一侧运动到另一侧大约需要 10 min，可以估计索驱动的最大速度为 0.3 m/s。估计单索驱动电机的最大功率为 100 kW，6 台电机的总功率为 600 kW。所以，FAST 馈源支撑系统每年大约需要 300 万 kW·h 的电量。

除了索驱动电机，馈源舱内还有一次精调平台、二次精调平台、压缩机等用电设备。馈源舱的输入总功率为 140 kW，每年大约需要 70 万 kW·h 的电量。

除了主体部分，FAST 用电量比较大的就是数据中心。数据中心目前已经有超过 200 台服务器，按通常一台服务器功率 300 W 计算，总功率可达 60 kW，每年大约需要 52.56 万 kW·h 的电量。

除了上述用电量较大的设备，还有一些零星的用电设备。所有设备加起来，每年的电力需求大约为 600 万 kW·h。

因为上面的计算中考虑的是理论用电量的上限，所以 FAST 的实际用电量应该小于这个估计值。按照总功率计算，1 台常见的 2000 kW 移动式柴油发电机就可以满足 FAST 的用电需求。虽然 FAST 的用电量和工业生产用电相比小得多，但 FAST 的运行需要稳定的电力供应，数据中心的服务器需要不间断运行。一些计算任务通常要运行数日，一旦中断就需要重新运行。接收机系统的压缩机更是不能停机，一旦停机，接收机重新抽真空恢复运行状态所需时间可达数周。

为了 FAST 稳定运行，电力部门专门设计了两条供电线路，一条从塘边镇到 FAST，一条从克度镇到 FAST。两条供电线路互不关联，在一条线路出现问题的时候，另外一条线路可以继续供电，保证 FAST 正常运行。

驱动反射面变形的促动器

73 如何控制 FAST 的运行

FAST 的运行需要主动反射面、馈源支撑、电子学系统和数据中心协同工作，它们受到总控系统的统一控制。FAST 总控系统从观测列表中读取源的坐标以及观测参数等信息，将其转换成相应的指令和控制参数下发到各个子系统，各子系统再将指令和控制参数逐级分解为每个设备可以执行的任务。具体来说，根据观测模式，可以计算望远镜指向的时间序列，据此可以计算馈源相位中心位置以及反射面变形区域中心位置的时间序列。

FAST 主动反射面采用开环控制，面形和促动器控制参数的对应关系存储在数据库中，由反射面变形区域中心位置的时间序列可以得到对应的促动器控制参数的时间序列。主动反射面系统据此控制每个促动器的伸长量，就可以得到观测所需的反射面面形。馈源支撑系统的控制要复杂一些。馈源支撑系统采用六索柔性支撑结合馈源舱内的精调平台。根据馈源相位中心位置可以计算 6 根馈源支撑索的伸长量。但柔性支撑易受到风的影响，无法实现开环控制，需要根据馈源平台实时测量数据与理论数据进行对比，借助精调平台进行修正，保证馈源相位中心的位置和理论位置的偏差在允许的范围之内。电子学系统和数据中心的控制相对简单，只需要根据观测模式选择对应的接收机和数字后端，在规定的时间开始记录数据。

FAST 有多种观测模式，不同观测模式对应的控制策略不尽相同。对于漂移扫描而言，反射面变形区域和馈源相位中心的位置都保持不变。反射面变形区域下方的促动器只需要保证伸长量不变，馈源舱的 6 根支撑索的伸长量也保持不变，但精调平台仍然需要实时修正馈源相位中心的位置，以抵消风扰动产生的影响。对于跟踪观测来说，反射面变形区域和馈源相位中心位置的变化是平稳而缓慢的。而在运动中扫描的时候，馈源舱的轨迹规划需要特殊考虑。运动中扫描的理论扫描轨迹是平行直线，从一条扫描线切换到另一条扫描线的时候是直接改变横向位置。但馈源舱无法实现这样的运动轨迹，而只能沿缓和的曲

位于望远镜底部的舱停靠平台

线运动。所以在运动中扫描观测的时候，馈源实际运动的轨迹要超出实际观测的区域，通过平滑的曲线从一条扫描线切换到另一条扫描线。反射面的变形没有这个问题，可以快速从一条扫描线切换到另一条扫描线。运动中扫描所需时间比理论计算的时间要长一些，部分因素就是馈源舱在切换扫描线的时候要多运动一段曲线。

观测的时候并不总是一帆风顺的，有时候会碰到恶劣天气，这个时候需要及时终止观测，将馈源舱下降到底部的舱停靠平台。有时候还会碰到强射频干扰，如果强度威胁到接收机的安全，这个时候电子系统就要将接收机关机，等待干扰减弱。

FAST 的馈源舱和测量基墩

74 如果小鸟停在 FAST 上，会不会被烤熟

FAST 可以汇聚射电波，并且保证汇聚的射电波的相位相同，是相干的。按照鲁兹公式，反射面面形精度好于波长的 1/20 就可以有效地使射电波聚焦。FAST 反射面的面形精度好于 5 mm，可以使频率 3 GHz 以下的射电波聚焦。以 FAST 反射面的面形精度，FAST 肯定是无法使可见光相干聚焦的。

我们知道，太阳灶并不能保证反射的光是相干的，无法进行天文观测，但是太阳灶是可以把太阳辐射集中到一个小区域产生高温的。那么，FAST 能不能将辐射集中到焦点，从而成为太阳灶呢？

FAST 的反射面使用的是打孔铝板。这些铝板是没有抛光的，表面比较粗糙。这样的铝板产生的是漫反射，不会产生镜面反射。从各个方向看，这些铝板的亮度不会有很大变化。太阳的张角为 0.5°，可以认为入射光束的张角 θ=0.5°。如果受到镜面反射，那么反射光束的张角也是 0.5°。如果受到漫反射，可以认为光被各向同性地散射到了半空间中。考虑某个反射面元，在焦点处截面积为 A 的物体接收到的来自这个面元的辐射能量只有所有反射能量的 $A/2\pi D^2$（FAST 反射面球冠半径 r=300 m，焦比 f=0.4621，焦距 $D=rf \approx 138$ m）。FAST 变形区域近似为一个张角 60° 的球冠，面积为 $2\pi\left(1-\dfrac{\sqrt{3}}{2}\right)r^2$，这个球冠面投影到口面的面积为 $\pi r^2/4$。焦点处单位面积能流是入射单位面积能流的 $R/8f^2$=0.58R 倍，其中 R 是反射率。也就是说，焦点处单位面积接收到的反射能流比单位面积入射能流小。这是因为入射能量近似被散射到半空间中去了。从这个意义上讲，FAST 没有太阳灶效应。

如果 FAST 反射面使用抛光铝板，情况可能不同。我们先简单将反射假设为镜面反射，那么，焦点处单位面积能流大约是入射单位面积能流的 $\dfrac{R}{(\theta f)^2}$=61 503R 倍，按照能流正于温度的 4 次方计算，可以将温度提高 16 倍。这种情况下是有太阳灶效应的。实际的抛光铝板的反射应该介于镜面反射和各向同性的漫

反射之间。焦点处单位面积的能流可以达到入射能流的若干倍，效果就像天上出现了若干个太阳。3倍能流可以将通常的温度从300 K提高到400 K。所以，如果FAST使用抛光铝板，小鸟待在焦点处一段时间是有可能被烤熟的。

太阳灶

夏天，在太阳直射条件下，某些地方的地面温度可以达到80 ℃，可以将鸡蛋直接烤熟。FAST所处的环境，在太阳直射下，铝板的温度可以达到60 ℃以上，但铝板附近的空气温度要低一些。如果增加一个透明罩子，铝板的温度还可能更高。但FAST反射面上方是开放空间，因为有空气流动，温度要低一些。因此，小鸟在反射面上不会有危险。

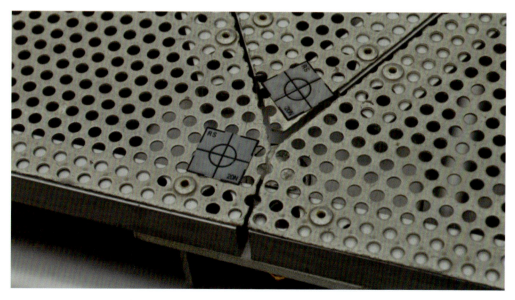

FAST 反射面是没有抛光的打孔铝板

75 FAST 是如何运行和保养的

FAST 虽然不是一台全可动射电望远镜，但其运动部件并不比通常的全可动射电望远镜少。全可动射电望远镜俯仰的调整依靠一根轴带动整个反射面运动，而方位角方向的运动依靠的是望远镜的整体转动。全可动射电望远镜的反射面通常不主动变形。与 FAST 同类型的阿雷西博望远镜采用了复杂的聚焦光路，其反射面是固定的球冠面。而 FAST 创造性地使用了主动反射面，依靠 2225 个节点的运动控制面形。每个节点有一根下拉索连接一台促动器，还安装了一个测量靶标。所以，FAST 反射面有 2225 台促动器和 2225 个测量靶标，反射面的精确变形依靠促动器，反射面面形的定标依靠测量靶标。为了配合主动反射面的设计方案，FAST 的馈源支撑系统采用了六索柔性支撑，由 6 根长数百米的钢索拖动馈源舱在焦面上运动。6 根馈源支撑索不仅要准确控制馈源舱位置，还要保证馈源支撑系统的安全工作，这也直接关系着 FAST 整体的安全运行。

因为可动部件数量多，可靠性要求高，它们的维护保养工作就显得尤为重要。促动器安装在反射面下方洼地的地面上，通过地锚与地面固定。安装在地锚上的促动器是液压设备，通常故障率不高。但是因为 FAST 使用的促动器数量很大，所以经常有个别促动器出现故障，需要维修。过去促动器维修工作主要依靠人力，效率不高，处于促动器发生故障后再维修的被动状态。现在在维修车间配备了促动器搬运机器人，大大提高了促动器维修效率。结合信息化设施，现在工作人员可以提前判断促动器状态，在发生故障之前对其进行更换和维修。这大大降低了 FAST 的故障率，提高了观测效能。

FAST 反射面是厚度仅 1 mm 的打孔铝板，不能承重，人不能站在反射面上工作。对反射面靶标的维护最初依靠"微重力蜘蛛人"，使用氢气球将维修人员吊起，减小其对反射面面板的压力，维修人员在反射面上慢慢挪动，对反射面靶标进行维护。这种方法效率很低，也有一定的危险性。后来，技术人员专门研制了反射面靶标维护机器人。这种机器人可以在反射面上自动对靶标进行拆装，大大提高了靶标的维护效率。

馈源支撑系统的6根支撑索需要经常进行保养检测。这些钢索靠近馈源舱的几百米长的部分是检测盲区，因为这部分钢索不会经过馈源支撑塔塔顶的滑轮，所以塔顶的检测设备无法对这段钢索进行检测。为此，工作人员研制了专门的检测机器人，可以对这段钢索进行检测。

随着设备的信息化和自动化，FAST的维护保养也变得越来越高效，这保证了 FAST 的安全运行，提高了 FAST 的观测效能。

FAST 反射面靶标维护机器人

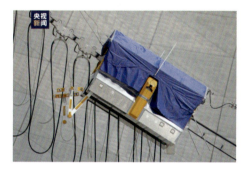

馈源支撑缆索及滑车检测机器人

76 如果用 FAST 看月亮，能看到什么

　　月球没有明显的大规模磁场，因而也不会在月面之外产生明显的射电辐射。月球不会产生木星那样像两只耳朵的辐射区。月球的射电辐射主要是表面物质的热辐射。月球表面物质的温度为 160～370 K。波长 10 cm 的射电辐射通常来自月面下 1m 深度，其射电辐射的亮度温度大约为 230 K。波长更长的射电辐射来自月面下更深的地方。

　　月面下物质的温度通常比较稳定，其射电辐射的亮温度也比较稳定，所以月球经常被用于射电观测的定标。在地球上看，月球的张角有 0.5°（30'）。FAST 在 L 波段的波束宽度大约为 3'，月面直径约有 10 个波束宽度。FAST 可以得到角分辨率 3' 的月面 L 波段成图。这样的成图看起来没有太多特征，大致是亮度温度相同的热辐射。在 FAST 覆盖频率的低端（70 MHz 左右），波束宽度大约为 1°（60'），FAST 就无法分辨月球。

　　月球自身的射电辐射没有太多特征，但因为月球离地球较近，适合使用射电波对其进行主动照明，由射电望远镜接收回波。这就是月球的雷达探测。通过月球反射的射电波不仅可以测量地球和月球的距离，还可以测量月面的地形特征，探测月壤厚度、介电常数以及次表层结构，以及探测月球两极的水冰分布和含量。20 世纪 60—70 年代，科学家就使用雷达开展了月球撞击坑形貌的研究，测量了撞击坑边缘高度和撞击坑深度的比值，也根据雨海盆地异常低的雷达反射率研究了这里曾经的岩浆流。

　　如今，月球探测器已经可以高精度测绘月面地形，已经很少开展对月球地形的雷达观测。对月球的雷达观测重点转向了月球南极，这里最有希望建设未来的月球基地。月球上赤道和中纬度地区每个月都要经历长达 13.5 d 的月夜。在月夜里，温度低于零下 100 ℃，探测器和月球基地的太阳能电池得不到能源供应。而由于地形和轨道的原因，月球极区的月夜很短。根据地基雷达对月球的观测结果，科学家认为月球南极的 Malapert 山地区在一个月球年里有 93% 的

时间可以获得全部或部分太阳光照，并且与地球之间一直可视，因此可以保持地月之间的直接通信。该地区是建设月球基地的最佳地点。但月球南极大部分是阴影区，难以用照相的方式进行测量，而雷达观测则不受此限制。

早在 20 世纪 70 年代，人们已经开始使用雷达开展月球基地地形成图。如今，月球南极地形图的分辨率已经达到每个像素 20 m。这是使用口径为 70 m 的雷达得到的。FAST 结合大功率雷达，将有可能进一步提高成图的分辨率，这对于未来在月球南极建立月球基地是至关重要的。

水冰对于月球基地的建设也有重要意义。阿雷西博望远镜对月球南极的观测结果没有发现面积大于 1 km² 的区域存在高雷达后向散射截面和高圆极化率，也就是说月球极区不存在大面积分布的水冰。雷达回波同向极化增强可能是由水冰引起的，也可能是由月球表面粗糙度引起的。这个问题还需要进一步观测研究。

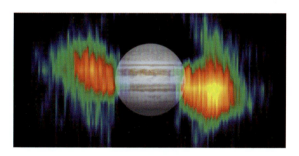

木星射电辐射

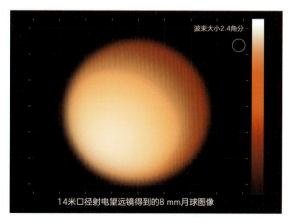

月球 8 mm 辐射分布图

77 如何才能使用 FAST 进行观测

　　首先，要对射电望远镜有所了解。普通人对于望远镜的刻板印象就是一个镜筒、2 块透镜，然后用眼睛对着目镜看。这是小型光学望远镜带给大家的印象。实际上，天文观测用的大望远镜早就不用眼睛直接观察了，而是使用光电元件采集信号，在计算机中处理。射电望远镜工作频率和光学望远镜不同，探测原理也迥异。射电望远镜接收信号的原理类似卫星电视天线或收音机天线，所以有时候把射电望远镜的观测描述为"听"。FAST 覆盖 70 MHz ~ 3 GHz 波段，是一台频率较低的射电望远镜。FAST 的口径为 500 m，观测时的有效口径为 300 m。FAST 位于北纬 25.6°，观测天顶角为 40°，所以 FAST 可以观测赤纬 −14.4° ~ 65.6° 的源。

　　其次，要对宇宙中的天体有所了解。宇宙中有很多类型的天体，普通人最为熟悉的是恒星。夜空中大部分光点都是恒星。但恒星主要发出红外到紫外波段的辐射，这些辐射在射电波段是暗弱的。到目前为止，我们只探测到了太阳和极个别恒星的射电辐射。而脉冲星中大部分是射电脉冲星，主要发出射电辐射，在其他波段探测不到。这就是为什么 FAST 的主要科学目标不是恒星，而是脉冲星。FAST 的其他科学目标还有银河系中性氢成图和河外中性氢星系搜寻、分子谱线和地外文明搜寻等。对宇宙中的天体有所了解，才能找到适合 FAST 观测的天体和天文现象。

　　和业余使用望远镜观星不同，找到感兴趣并且适合 FAST 观测的对象，也不是马上就可以观测的。观测的想法需要落实为详细具体的观测申请书。FAST 每年都征集观测申请。观测申请需要描述观测对象的研究背景和科学意义，在一定程度上描述产生观测想法的原因和经过，包括相关的背景知识和前人已经完成的工作，这有助于自己理清研究思路，也有助于其他研究人员判断观测申请的价值。此外，还需要描述具体的观测计划和观测参数。FAST 有多套接收机和数字后端，可以记录不同时间分辨率和频率分辨率的数据。观测对象的性质和设备的选取以及参数的选择密切相关。而对于探索性的观测，因为对源的性质还不十分清楚，很有可能探测不到源，而只能给出观测上限。此类观测申请还需要描述如果只得到观测上限，能得出什么有价值的结论。

观测申请获得批准后，还需要将观测申请细化，并在 FAST 门户网站上提交。此时需要明确观测时间、观测频段、数字后端、通道数、采样时间、噪声注入策略等。这些信息提交后，后续由观测助手完成观测，之后就可以拿到观测数据了。申请者对观测数据进行分析，并将结果整理发表，就完成了一个使用 FAST 开展观测研究的典型流程。

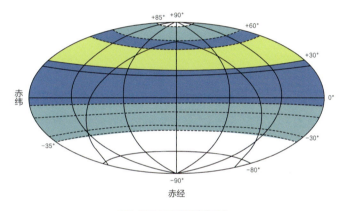

FAST 可观测天区

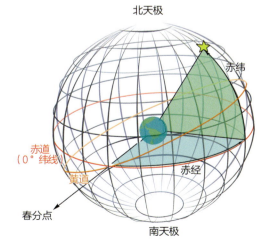

赤道坐标系

78 太空能看到FAST吗

FAST反射面口径为500 m，馈源支撑塔位于600 m的圆上，所以FAST的主体结构可以看作一个位于地面上的直径600 m的物体。或者从另外一个角度看，FAST的大小就是一个典型的喀斯特洼地的大小，比通常的单体建筑都要大。简单来说，只要没有云层遮挡，太空中的人造卫星只要从FAST上空经过，要看到FAST是没有问题的。

地球大气和太空之间并没有明确的边界，按照现在的定义，以地球海平面上方100 km为界，往外就是太空。人造卫星和航天器都在这个高度以上运行。在100 km高度看FAST，张角有0.34°。相对而言，这是一个比较大的张角。人眼的角分辨率大约是20″，在100 km高度，分辨率大约为10 m。所以，在100 km高度，人眼是可以分辨FAST的。但在600 km高度，人眼要分辨FAST已经很勉强了。而在更远的距离，人眼就无法分辨FAST了。例如，在月球上，即使考虑到FAST的颜色、反射率和周围环境不同，人眼也是无法看到FAST的。我国空间站高度在400～450 km之间，所以航天员在空间站用肉眼应该勉强能够看到FAST，但看起来就是一个模糊的点。

人造卫星比人眼的分辨率高，光学人造卫星可以看到地面的居民楼，自然也能轻松地看到FAST。我国的高分二号卫星轨道高度为600多km，分辨率可以达到0.8 m，角分辨率相当于0.28″。如果使用高分二号卫星，不仅能看到FAST，而且能看清FAST的馈源舱和反射面单元。理论上，以高分二号卫星同样的分辨率，在月球上勉强可以分辨FAST，但实际观测时可能受到大气湍流的影响，让成像变得模糊，从而无法分辨出FAST。考虑到这个因素，在月球上，即使使用更大口径的光学望远镜，也无法得到更好的分辨率，只能勉强分辨FAST。

地球大气除了对可见光透明，还对无线电波透明，所以现在科学家也发射了很多工作在无线电频段的合成孔径雷达（synthetic aperture radar，SAR）卫星。这种卫星采用主动发射无线电波，接收目标回波，对一个区域进行多次观测再进行孔径合成的方式得到高分辨率的图像。合成孔径雷达卫星的分辨率可以达到 1 m，和光学卫星相当。此外，合成孔径雷达卫星还能测量目标的高度，

中国空间站

可以看到目标的三维结构，所以这种卫星可以看到立体的 FAST。以同样的分辨率，合成孔径雷达卫星在月球上勉强可以看到 FAST。但在无线电波段，大气湍流几乎没有影响，加上 FAST 的反射率远高于周围环境，所以即使合成孔径雷达卫星在月球上分辨不出 FAST，也可以通过无线电回波看到 FAST。在这种情况下，看到 FAST 取决于发射天线的功率、增益以及接收天线的灵敏度。现在建在地球上的行星雷达系统对月面成像的分辨率达到了 5 m，在月球上建设类似的行星雷达系统对地球进行观测也可以达到类似的分辨率。以这样的分辨率，不仅可以看到 FAST，而且可以对 FAST 进行成像。

高分二号卫星看到的 FAST

谷歌拍摄的 FAST 高分辨率卫星照片

吉林 1 号光学卫星拍摄的 FAST 高分辨率卫星照片

第四篇　中国天眼能发现什么

79 FAST 开展了哪些天文观测

　　FAST 在初步设计时就确定了几个方面的科学目标，包括脉冲星、中性氢、连续谱、分子谱线、地外文明的搜寻等。后来，人类发现了快速射电暴，探测到了黑洞合并产生的引力波的射电对应体。因此，FAST 的科学目标中又增加了快速射电暴和引力波射电对应体。FAST 自正式运行以来，已经对所有预定科学目标开展了观测。这些科学目标主要可以分为 3 类：对时间测量精度要求较高的时域科学目标，包括脉冲星、快速射电暴、引力波射电对应体等；对频率测量精度要求较高的频域科学目标，包括中性氢、连续谱、分子谱线等；对时间和频率测量精度都有要求的科学目标，包括地外文明搜寻等。

　　截至 2024 年 4 月，FAST 已经发现超过 900 颗脉冲星，脉冲星发现的数量超过世界上其他所有射电望远镜同期的发现数量之和。这些脉冲星有的处于球状星团中，有的处于已知的伽马射线双星系统中。在发现这些脉冲星之后，天文学家也对部分脉冲星进行了后续的计时观测，以确定脉冲星的准确坐标、色散、自转周期变化率等参数。通过计时观测发现部分脉冲星处于双星系统中，同时测定了轨道运动的周期和伴星质量。在观测中也发现了一个轨道周期短于 1 h 的脉冲星双星系统，可能处于从红背蜘蛛型脉冲星到黑寡妇脉冲星转变的中间状态。

　　快速射电暴是 2007 年新发现的一种射电爆发现象。到目前为止我们还不知道它们的本质。但快速射电暴研究是一个快速发展的领域，近年来取得了很多进展。FAST 在快速射电暴的观测中做出了重要贡献。FAST 凭借高灵敏度，探测到了重复快速射电暴的很多暗弱爆发，为快速射电暴的爆发提供了最完备的统计。FAST 也凭借非常高的偏振测量精度测定了快速射电暴的偏振变化，这个结果表明快速射电暴的辐射起源于磁层。FAST 的观测还表明快速射电暴产生于类似超新星遗迹的环境中，从而为快速射电暴的起源提供了重要线索。

　　在中性氢观测中，FAST 使用中性氢窄线自吸收技术测量了致密云核 L1544

中的磁场，改变了我们对恒星形成过程中磁通量变化的经典认识。FAST 还在著名的星系群"斯蒂芬五重星系"周围发现了一个迄今已知最大的中性氢结构，目前我们尚不知道这样的结构为什么能长期存在。在对近邻星系的成图观测中，FAST 也凭借极高的灵敏度发现了星系周围一些暗弱的中性氢气体结构，这些结构用其他望远镜都难以观测到。

　　FAST 已经开展了地外文明搜寻，现在已经对太阳附近的几十颗恒星进行了搜索。天文学家通过这些观测对影响搜索的射频干扰有了更深的认识，也对搜索技术进行了优化。FAST 后续将常规地进行地外文明搜寻。

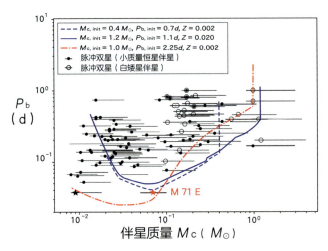

FAST 发现了处于从红背蜘蛛型脉冲星到黑寡妇蜘蛛型
脉冲星转变的中间状态的脉冲星双星系统 M71E

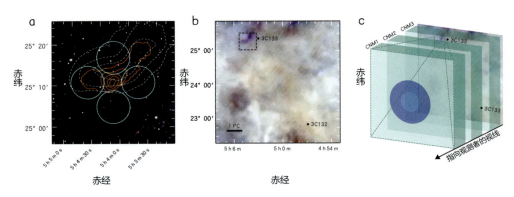

FAST 对致密云核 L1544 磁场的观测

80 FAST 的科学目标有哪些

　　在设计阶段，FAST 根据设计的覆盖波段（初期 70 MHz ~ 3 GHz，可升级到 50 MHz ~ 8 GHz）和灵敏度，规划了一些可能的科学目标。这些科学目标主要分为 3 类：时域科学目标、频域科学目标和其他科学目标。时域科学目标主要是脉冲星搜寻和脉冲星计时。频域科学目标主要是银河系中性氢成图和河外中性氢星系搜寻。其他科学目标包括地外文明搜寻，与其他望远镜进行甚长基线干涉测量联测，以及进行雷达天文学观测。在最低频率 70 MHz 附近还规划了宇宙再电离探测的科学目标。

　　在望远镜建设和调试过程中，科研人员对 FAST 的科学目标有了更深入的认识，按照实际情况进行了调整。根据已有的宇宙再电离观测估计，FAST 不适合进行宇宙再电离观测。但在这个频段，FAST 可以进行银河系连续谱巡天和脉冲星搜寻。在 FAST 建设过程中，天文学家确认了 2007 年发现的快速射电暴是真实存在的，并且在 2012 年观测到了第一个重复的快速射电暴。随着发现数量的快速增长，快速射电暴成了 FAST 的一个重要科学目标。因为快速射电暴不可预测，所以 FAST 配备了用于快速射电暴搜寻的数字后端，在进行其他观测的同时进行快速射电暴搜寻。

　　FAST 建成后，在调试阶段即开始在低频波段开展脉冲星搜寻。在这个波段开展脉冲星搜寻对望远镜面型和指向精度的要求不高，特别适合在调试阶段进行。FAST 在调试阶段就发现了数十颗脉冲星，这证明了 FAST 非常适合进行脉冲星观测。在完成调试并通过验收后，FAST 开始进行常规的脉冲星搜寻和脉冲星计时观测。到 2024 年 4 月，FAST 已经发现了超过 900 颗脉冲星。FAST 也通过脉冲星计时发现了一批脉冲星双星系统，其中包括已知轨道周期最短的脉冲星双星系统。更为重要的是，FAST 通过脉冲星计时，给出了宇宙引力波背景存在的证据。

　　FAST 建成后也开始常规地开展快速射电暴观测。研究人员意识到，在快速射电暴搜寻方面，FAST 没有优势，所以 FAST 把主要精力放在对重复的快速射电暴的观测上。在重复快速射电暴的研究中，FAST 得到了最大的快速射电暴爆发样本，给出了爆发能量的统计结果。FAST 还第一次测到了快速射电暴偏振的变化，表明一部分快速射电暴的辐射来源于磁层活动。FAST 的观测结合射电望远镜阵列的定位观测数据，确定了快速射电暴处于类似超新星遗迹的复杂环境中。这些观测表明部分快速射电暴和脉冲星的辐射有一些相似性，但目前我们仍然不确定快速射电暴的本质。

在频域观测中，FAST 已经开始对银河系中性氢进行成图，也开展了河外中性氢星系搜寻。FAST 发现了邻近星系以及星系群中前所未见的中性氢结构，也借助优异的偏振测量精度测定了致密分子云核中的磁场。随着观测的进行，FAST 将建立最大的中性氢星系样本。另外，FAST 也已经开始常规进行连续谱成图和地外文明搜寻。

现在，FAST 已经在各个科学目标的观测中都取得了进展，并且在部分科学目标的观测中得到了重要成果。

斯蒂芬五重星系周围的中性氢

注：中心黄色的是斯蒂芬五重星系的光学图像，叠加的白色谱线是中性氢21厘米谱线。

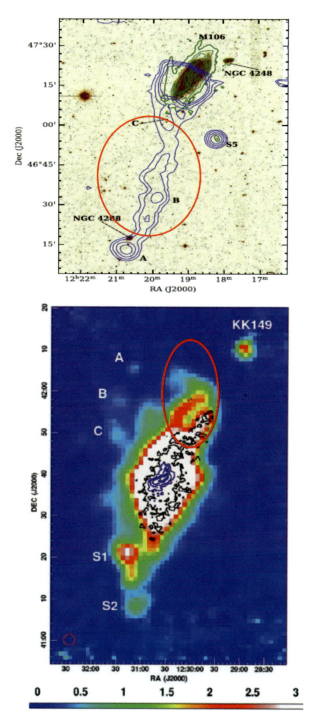

M106 周围的中性氢结构

81 FAST 能观测暗物质吗

按照今天的理解，宇宙由普通重子物质、暗物质和暗能量组成。其中暗物质占宇宙总质量的大约 1/4。暗物质没有电磁相互作用，不发光。在 20 世纪 30 年代，天文学家发现，借助转动速度计算得到星系团的总质量应该远大于可见星系的质量之和。也就是说，星系团中有很多不可见的"暗物质"。这就是暗物质存在的最初证据。后来，对近邻星系旋转曲线的测量发现，星系中也含有很多暗物质。对一些相互作用星系（例如子弹星系）的观测给出了暗物质存在的强有力证据。

我们对于暗物质的本质还不了解，目前有各种猜测：暗物质可能是某种未知的粒子；可能是一些特定质量范围内的小黑洞；也有可能暗物质并不存在，我们需要修改引力理论。

有理论预测暗物质粒子湮灭会产生特定的伽马射线谱线，也可能以极低的概率与物质相互作用。天文学家在银河系中心方向探测到了一些伽马射线谱线，但通常认为这些谱线与超新星遗迹有关。现在天文学家已经在地面上建造了多个暗物质探测器，并且向太空发射了暗物质粒子探测卫星，尝试对暗物质粒子进行直接探测，但到目前为止还没有探测到任何暗物质粒子。

也有理论预测暗物质可能是由黑洞组成的。质量特别小的黑洞会通过霍金辐射发射强烈的伽马射线，但目前的伽马射线观测不支持这一点。行星质量和恒星质量的黑洞可以通过微引力透镜观测给出限制。现在看来，如果暗物质是黑洞，那么这些黑洞的质量可能处于某个窄的范围。

目前，对暗物质的射电观测主要还是观测暗物质的引力效应，这些观测也是证伪修改引力理论的基础。暗物质主要是在星系和星系团尺度上被观测到的。中性氢星系正是 FAST 的一个重要科学目标。FAST 已经观测了超过 30 000 个河外中性氢星系。在河外中性氢星系的观测中，可以通过线宽估计星系的总质量，计算暗物质的比例，搜寻暗物质比例极端的星系。FAST 也对若干近邻星系进行了成图观测。通过星系的旋转曲线可以给出暗物质的分布和总质量。FAST 对近邻星系 M31 的覆盖天区面积是前所未有的，有望获得最完整的 M31 结构，由此可以得到 M31 中的暗物质分布，帮助约束星系演化模型。此外，不同暗物质模型预言的大星系周围卫星星系数量不同。按照冷暗物质模型，银河系和 M31 周围应该有众多卫星星系。按照暖暗物质模型，卫星星系的数量要少一些。目前发现的卫星星系比冷暗物质模型预言的数量要少很多。但目前还不能说观测证

实了暖暗物质模型，因为有可能是我们没有观测到所有的卫星星系。有一些卫星星系中可能只有中性氢，没有形成恒星，无法通过光学观测到，而这正是 FAST 可以发挥作用的地方。银河系以及 M31 的中性氢成图观测将回答这个问题。

暗物质粒子探测卫星

M31（仙女星系）

82 FAST 在脉冲星观测方面有哪些优势

脉冲星观测是 FAST 的重要科学目标之一。凭借着空前的灵敏度，FAST 在脉冲星观测方面有诸多优势。

脉冲星是能观测到其脉冲信号的中子星，其信号的极高稳定性使得可以通过脉冲信号来研究中子星物理和演化、信号的辐射机制、双星系统的关系和演化、广义相对论和引力波的验证等。关于脉冲星的科学研究在历史上获得了 2 个诺贝尔奖：一是脉冲星的发现，证实了这样一种高密度极端天体作为大质量恒星演化产物的存在；二是脉冲星双星系统用于广义相对论和引力波的验证，以非常高的精度验证了这些理论。

脉冲星的科学前沿在于发现更多的脉冲星和看到脉冲星信号的更多细节。这些都需要空前高灵敏度的观测设备，而 FAST 恰好具有这样的优势。作为目前灵敏度最高的单天线射电望远镜，FAST 的灵敏度是之前设备数倍到数十倍，使得其在脉冲星科学研究方面有着明显的优势。

脉冲星研究的一大任务是脉冲星搜索，可以认为是通过更高灵敏度来看更暗弱的脉冲星。这个事情很容易理解：在夜里看星星，如果使用望远镜，就能看到肉眼看不见的星星；望远镜越大，看到的星星就越多。凭借着空前高的灵敏度，使用 FAST 能发现别的望远镜难以发现的更暗弱的脉冲星。

脉冲星中存在着各种奇特类型的双星，比如轨道周期只有几个小时的，伴星质量不到太阳的 1% 的，轨道是很扁很扁椭圆的，以及伴星也是中子星的。脉冲星本来就是高磁场、高引力场的极端实验室，而这些特殊类型的脉冲星更是特殊中的特殊，表征了恒星演化的特例，是非常宝贵的验证各种天体物理理论的实验室。然而，这些特殊类型的脉冲星并不能有目的地去寻找。因此，大批量地发现新脉冲星是发现这些特殊的"极端实验室"的先决条件。截至 2024 年 4 月，FAST 已经发现了超过 900 颗脉冲星，有望很快突破 1000 颗的大关。只有发现这么多脉冲星，才具有发现更多特殊类型脉冲星样本的可能性，从而获得新的突破。

另外，对脉冲星的深入研究也需要非常高的灵敏度。脉冲星是快速变化的天体，目前已知的自转最快的脉冲星每 1.39 ms 自转一圈。我们可以想象这样一个图景：为了看清快速运动的天体，就必须非常快地采样。而采样时间越短，则收到的信号的量就越少，看到的信号就越暗。

同理，当我们要研究脉冲星信号的细节时，我们就遇到了灵敏度的限制。如果望远镜的灵敏度不够高，则没法将脉冲星的信号看得足够清晰。为了了解清楚脉冲星的结构以及其自身结构和周边磁场、信号发射、传播之间的关系，就需要将信号发射的每一个细节都弄明白。这就离不开望远镜的灵敏度。同样的道理，因为脉冲星的信号覆盖了相当宽的带宽，因此，只有依靠足够高的灵敏度，才可以用很高的频率分辨率来呈现信号，从而带来更多的信息。

以上仅仅是举了两个非常直观的例子来展现 FAST 在脉冲星方面的观测优势。在探索科学前沿的道路上，只有更先进的设备、更高的技术指标，才能取得更新的科学发现。

83 FAST 在快速射电暴观测方面有哪些优势

快速射电暴是具有高色散的单个脉冲信号。它的脉冲宽度很窄，只有几毫秒到几十毫秒。有的快速射电暴仅爆发一次，有的会出现多次爆发，甚至持续数月。近几年关于快速射电暴的科学研究为我们揭示了一个新的世界，但随之而来的是更多的未知。

目前认为，快速射电暴每天在整个天空（不仅仅是我们抬头能看到的星空，也包括我们视线以外的星空）发生的次数大约是几百次。这个频率看起来似乎很高，但是均匀分布到 24 h 的每一分钟和每一小的天空区域的时候，就是很罕见的事件了。因此，如果要发现更多的快速射电暴事件，需要望远镜的灵敏度高并具有足够大的视场。而快速射电暴大部分是不重复的事件，对观测设备的要求还包括对这样的短时间爆发的空间定位能力。因此，在快速射电暴的观测中，承担搜索、监测和发现任务的主要是射电望远镜阵列。

FAST 的单口径结构决定了其视场直径大约只有 3′（每个波束，不能成像），因此在天空覆盖方面则远远比不上由多个小射电望远镜构成的天线阵。由于波束内只能测量强度变化而不能成像，它对于快速射电暴的定位也无能为力。然而，凭借着空前高的灵敏度，FAST 可以并且已经在快速射电暴领域做了大量重要工作。

在快速射电暴中，有一部分被称为重复暴。顾名思义，重复暴就是一重复爆发的快速射电暴。普遍认为，快速射电暴是来自宇宙深处的巨大的能量释放——当经过宇宙尺度的传播，依然具有和银河系内的天体发出的信号类似的强度，可见其产生过程中能量的巨大。因此，这种现象似乎不太具有重复的条件的。然而，自然界无奇不有，偏偏存在这样一类快速射电暴，时不时会再次发出数个到数千个脉冲，有的甚至具有可能的爆发 – 间歇周期。FAST 正是在探索这类快速射电暴方面发挥了非常重要的作用。

前文说过，FAST 有着空前高的灵敏度。这个灵敏度有两层含义：一方面，这个灵敏度表现在同样的观测时间下，FAST 看到的脉冲星信号比别的望远镜看到的强得多；另一方面，同样的一瞬间的信号，FAST 看到的比别的望远镜看到的强得多。后一个意义即在观测快速射电暴中。快速射电暴是一瞬间的信号，虽然我们说它来自很大的能量释放，但是依然是微弱的。在接收快速射电暴信号的数毫秒到数十毫秒内，望远镜的接收面积越大，接收到的信号就越强。所以，FAST 这样高绝对灵敏度的观测设备在捕捉快速射电暴中具有无可替代的重要意义。

FAST 的快速射电暴观测主要是针对那些重复的爆发。当这些源发出的信号到达地球的时候，其他望远镜接收不到，但是 FAST 或许就能很清晰地看到信号。因此，FAST 在快速射电暴观测中的优势就很明显了。比如说，FAST 可以看到更暗弱的信号，所以对于同一次爆发事件，FAST 能看得更清晰，从而可以获得包括偏振、亮度变化在内的更准确、更复杂的信息。同一个爆发周期，FAST 能看到比其他望远镜多得多的爆发，更多的样本使得其有更多了解快速射电暴的可能。

FAST 当前的重大观测课题中就有快速射电暴，虽然 FAST 在快速射电暴的搜索发现中不一定具有优势，但是它在快速射电暴的深入研究中具有无可比拟的优势。

84 FAST 能观测黑洞吗

广义相对论预言了黑洞的存在。黑洞是一个特殊的时空区域，中心是一个奇点，边界是事件视界（event horizon）。穿过黑洞的事件视界后，光都无法返回，所以在经典理论中，黑洞是一个不发出辐射的区域。在量子理论中，黑洞会通过霍金辐射产生辐射。对于恒星质量黑洞或更大质量的黑洞来说，这种辐射可以忽略。

黑洞是理论物理的重要研究对象，也是观测天文学的重要研究对象。天体物理中讨论的黑洞质量通常都在恒星质量以上，自身发出的辐射可以忽略。天文学家是通过这些黑洞对周围天体和物质的影响找到它们的。在过去的几十年中，天文学家在 X 射线双星、星系中心都找到了有力证据来证明黑洞的存在。部分 X 射线双星中的致密星质量超过 3 倍太阳质量，这个质量超过了中子星质量的理论上限。这些双星系统发出的 X 射线谱中缺少边界层的成分，表明这些致密天体没有硬表面，应该是黑洞。

在一些星系中心可以发现一些恒星或气体在围绕非常小的区域快速转动，计算发现这样的小区域中包含的质量超过了百万倍太阳质量，即使这些质量是普通物质贡献的，这些物质也会在很短的时间内坍缩成黑洞。这表明星系中心存在超大质量黑洞。在一些星系核心，有脉泽源围绕中心黑洞转动，通过甚长基线干涉测量这些脉泽源的运动，不仅可以探测中心黑洞，也可以用来直接测量星系的距离。在活动星系中，正是中心的超大质量黑洞的吸积产生了明亮的核区以及喷流。天文学家也已经通过甚长基线

事件视界：是一种时空的界，指的是在事件视界以外的观察者无法利用任何物理方法获得事件视界以内的任何事件的信息，也无法受到事件视界以内事件的影响。

吸积：天体因自身的引力俘获其周围物质而使其质量增加的过程。

干涉测量的方法拍摄星系中心黑洞的剪影，可以算是看到了黑洞。

拍摄黑洞剪影使用了 100 GHz 左右的波段。FAST 工作的波段比这个波段低很多，无法参与拍摄星系中心黑洞的剪影。但是 FAST 可以观测活动星系核的喷流产生的射电辐射，也可以观测黑洞 X 射线双星的射电喷流，间接探测黑洞。目前，FAST 受天顶角限制，无法看到银河系中心。如果未来经过改造，FAST 可以看到银河系中心，或许可以发现围绕银河系中心超大质量黑洞转动的脉冲星，从而间接探测到超大质量黑洞。

按照恒星演化理论估计，应该有恒星质量黑洞存在于中子星－黑洞双星系统中。如果这颗中子星是脉冲星，就有可能通过脉冲星探测黑洞。找到这样的双星系统是射电天文学家的一个重要目标。FAST 已经发现了一些双星系统。这些双星系统中有的含有小质量恒星，有的含有白矮星和有的含有中子星。随着发现越来越多的脉冲星双星系统，FAST 也有机会发现脉冲星－黑洞双星系统。

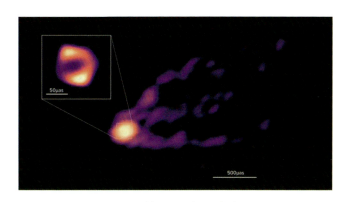

M87 的吸积流和喷流
（SHAO、MPIfR、NRAO/AUI/NSF）

此外，现在已经探测到了很多双星并合产生的引力波事件，而并合通常会产生黑洞。引力波的射电对应体搜寻也是 FAST 的一个重要科学目标，如果能探测到其射电对应体，也可以算是探测到了黑洞。

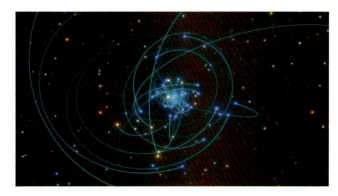

通过恒星轨道运动可以测量银河系中心黑洞的质量
（ESO/L. Calcada/spaceengine.org）

85 FAST 是否能探测引力波

引力波是时空中的涟漪。宇宙早期的相变、超大质量双黑洞轨道运动和并合、双星的轨道运动和并合等过程都会产生引力波。和电磁波一样，引力波有不同的频率。引力波的频率和产生引力波的尺度有关——尺度越大，频率越低。

宇宙早期相变产生的引力波频率在 10^{-13} Hz 以下，这种宇宙尺度的引力波只会在宇宙尺度的结构中留下印记，在宇宙微波背景辐射中产生偏振。曾经有研究宣称探测到了宇宙微波背景辐射中的这种偏振。但后来更深入的研究表明，由于宇宙微波背景辐射在几十吉赫兹波段容易受到银河系尘埃辐射的影响，还不能确定已经探测到了这种偏振。

2015 年，美国的激光干涉引力波天文台（Laser Interferometer Gravitational-Wave Observatory，LIGO）直接探测到了两个恒星质量黑洞并合产生的引力波。这个成果在 2017 年获得了诺贝尔物理学奖。这种恒星质量黑洞并合过程产生的引力波频率可以达到千赫兹，对应的尺度为数百千米到数千千米。激光干涉引力波天文台是通过光子在 4 km 长的干涉臂中来回反射达到这个尺度，从而实现引力波探测。

此前，1993 年诺贝尔物理学奖也曾颁发给间接探测引力波的研究。理论上，双星互相绕转会产生引力波，引力波辐射会带走轨道运动的能量，所以双星轨道会减小。因为可以通过脉冲星计时精确测量轨道半径的变化，所以脉冲星双星系统特别适合间接探测引力波。拉塞尔·赫尔斯（Russell Hulse）和约瑟夫·泰勒（Joseph Taylor）在 1974 年使用阿雷西博望远镜发现了一个脉冲星双星系统 PSRB1913+16，此后几十年，约瑟夫·泰勒和其他合作者对这个双星系统进行了长期的计时观测。观测结果表明，这个双星系统轨道半径的变化完全符合理论预言中引力波辐射导致的结果。这间接探测到了引力波。FAST 已经发现了一批脉冲星双星系统，也对一些已知的脉冲星进行了计时观测，所以

FAST 也可以通过这种方法间接探测引力波。

宇宙中除了恒星质量黑洞，在星系的中心还有质量超过百万倍太阳质量的超大质量黑洞。在星系并合过程中会形成超大质量双黑洞，这些黑洞也会相互绕转，最终有可能并合。超大质量黑洞并合产生的引力波频率较低，典型值是 10^{-9} Hz，这些引力波被称为纳赫兹引力波。这些引力波对应的尺度可达 pc 量级，所以用地面上的探测器是无法测量的。一种可能的探测这些引力波的办法是借助宇宙中的天体，脉冲星计时阵（pulsar timing array，PTA）就是基于这种想法提出的。

我们可以观测一批处于天空不同方向的自转稳定的脉冲星。当引力波经过地球时，不同方向脉冲星的脉冲到达时间会有不同的变化。通过不同方向脉冲星的计时观测，测量脉冲到达时间的空间相关性就可以测量这种变化，从而探测引力波。FAST 从正式运行开始就在按计划开展脉冲星计时阵的观测，随着观测数据的积累，脉冲星计时阵探测引力波的精度正在不断提高。2023 年 6 月 29 日，依靠 FAST，中国脉冲星计时阵（Chinese Pulsar Timing Array，CPTA）给出了纳赫兹引力波背景存在的最有力证据。

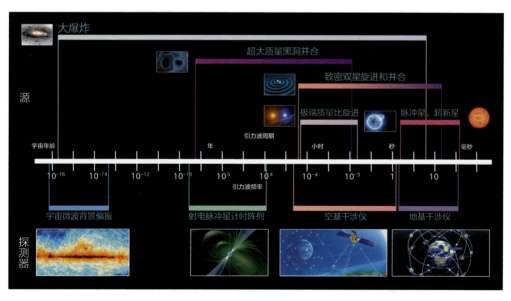

引力波频谱

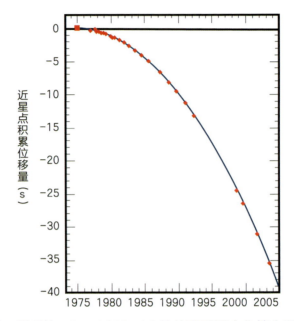

脉冲星双星系统 PSRB1913+16 的轨道周期变化符合理论预言

86 FAST 观测距离真的可以达到千亿光年吗

关于 FAST，普通人通常会问的问题是：FAST 能看多远？FAST 能看到百亿光年外的天体吗？对这些问题要分几个方面来回答。首先，要确定"看到"的含义。如果"看到"仅仅指的是接收到光子，那么 FAST 确实能够接收到来自可观测宇宙边缘的光子；如果"看到"指的是看清和分辨出这些光子，那么目前 FAST 是做不到的。其次，要确定"距离"的含义。在天文学中有各种距离，通常有共动距离、角直径距离和光度距离。光度距离 = 共动距离 ×（1+红移），角直径距离 = 共动距离 /（1+红移）。可以看出，在红移很大的时候，角直径距离会比共动距离小很多，而光度距离会比共动距离大很多。不同的距离差别很大。这里我们主要讨论共动距离和光度距离。

FAST 有几大观测目标——脉冲星、银河系中性氢和河外中性氢星系、分子谱线、快速射电暴、地外文明搜寻。目前已经发现的脉冲星绝大部分位于银河系内，天文学家也通过 X 射线观测在河外星系 M82 以及 M31 中发现了脉冲星，但射电观测尚未发现河外星系中的脉冲星。所以就脉冲星观测而言，FAST 现在可以观测距离地球几十光年的脉冲星。

FAST 分子谱线观测的主要目标是银河系内的源。FAST 现在已经探测到了超过 30 000 个河外中性氢星系，这些星系的红移大多在 0.3 以下。这个换算成共动距离小于 1.2 Gpc，或者说大约 39 亿光年，对应的光度

红移：在光谱研究中，材料的电磁辐射因某种原因（例如线性、非线性光学效应等）发生光波的能量转向其低频端、波长向长波长方向移动的现象。如在紫外与可见光区域呈现特征吸收的原子团（即发色团）结构变化使其摩尔消光系数增大（称为增色效应），且发生能量转移至低频端，波长向长波方向移动（红移）的现象；在广义相对论中，根据等效原理推导出引力场中的原子辐射频率因受引力势的影响而向红端移动。

距离约为 50 亿光年。未来是否能探测到距离地球更远的中性氢星系呢？这是可能的。有文献报道探测到了红移为 3 的中性氢星系，这个红移换算成共动距离约为 6.5 Gpc，或者大约为 212 亿光年，对应的光度距离大约为 848 亿光年。

未来 FAST 也可能探测一些银河系外的超脉泽源，所能探测的超脉泽红移通常不超过 1，换算成共动距离约为 3.3 Gpc，或者大约 108 亿光年，对应的光度距离大约为 216 亿光年。而地外文明搜寻观测的主要目标都是太阳附近的恒星，距离大多在 100 光年以内。

FAST 所能探测到的最远天体可能是快速射电暴。虽然我们还不清楚这种射电暴的本质，但从观测特征来看，我们相信它们来自宇宙深处，红移也有可能达到 3，也就是共动距离约为 212 亿光年，光度距离约为 848 亿光年。如果探测到红移为 3.5 的快速射电暴，那么 FAST 就观测到了共动距离约 226 亿光年、光度距离超过 1000 亿光年的天体。

所以，如果考虑光度距离，FAST 确实有可能探测到百亿光年外的天体。但是如果考虑共动距离，FAST 是不可能探测到百亿光年外的天体的。这是一个物理限制，因为宇宙年龄有限，光速有限，所以我们可以观测到的宇宙区域的大小是有限的。计算可以得到，可观测宇宙的视界的共动距离大约为 450 亿光年。因此，我们不可能探测到共动距离超过这个数值的天体。

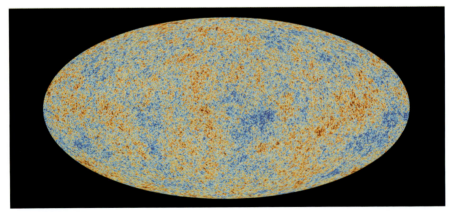

宇宙微波背景辐射

引自欧洲太空署（European Space Agency，ESA）

87　FAST 需要开展联合观测吗

自射电天文诞生以来，天文学家已经将观测拓展到了整个电磁波段。近年来，天文学家也开始使用中微子和引力波等非电磁信使探测宇宙。中微子探测器 IceCube 已经探测到了多次高能中微子爆发事件，证明了使用中微子进行天文学研究的可行性。激光干涉引力波天文台探测到了一批引力波爆发事件，也和伽马射线望远镜、光学望远镜一同探测到了中子星并合事件（GW170817 电磁辐射对应体 GRB170817A）。这个中子星并合事件真正消除了人们对激光干涉引力波天文台探测引力波事件的怀疑，证实了引力波探测天文事件的可行性。多信使、多波段天文学的时代已经到来。

不同信使和不同波段的电磁波看到的天体结构和物理过程是不同的。射电、紫外和 X 射线波段可以看到太阳的磁活动，红外波段可以看到太阳黑子的细节。射电、红外、光学、X 射线波段看到的星系也完全不同。要全面了解天体的性质，必须从各个波段得到尽量多的信息。

脉冲星是 FAST 的一个重要观测目标。有的脉冲星除了发出射电辐射，还会在红外、光学、X 射线和伽马射线波段发出辐射。对比不同波段的脉冲轮廓，有助于我们了解脉冲星磁层的结构和辐射的产生机制。这些观测需要使用相应波段的望远镜。一些脉冲星处于双星系统中，了解伴星的性质有助于了解这类双星系统的形成和演化历史。伴星的观测通常需要使用光学望远镜。通过光学观测可以确定伴星的质量和表面温度，从而了解伴星是否填满了洛希瓣，是否在向

洛希瓣：天文学名词，指由临界等势面分隔的两个区域。

脉冲星输送物质。

FAST 已经发现了超过 30 000 个中性氢星系。由中性氢观测可以得到星系中气体质量的信息，也可以借助中性氢观测和塔利 – 费舍尔关系测量星系中恒星成分的总质量。而了解这些星系的形态和类型还需要光学观测得到的图像。光学观测也可以测定星系的质量和红移，结合中性氢观测可以得到星系的气体比例。

快速射电暴也是 FAST 的一个重要研究方向。FAST 已经测量了快速射电暴的偏振变化，限制了快速射电暴起源的模型。而关于快速射电暴最重要的信息来自其宿主星系。宿主星系的形态和红移信息来源于光学观测。因为 FAST 在 L 波段的波束宽度有 3′，不足以实现精确定位，所以需要阵列望远镜进行观测。搜寻引力波源和中微子源的射电对应体也是 FAST 的重要工作。很显然，这些工作需要和引力波天文台、中微子天文台联合观测才能进行。

FAST 还有一项重要工作是进行甚长基线干涉测量。这种观测需要 FAST 和其他望远镜协同进行。每台望远镜分别记录数据，然后对数据进行相关处理，在计算机中进行干涉成像。

未来，FAST 也将开展雷达天文学研究。雷达天文学通过接收天体发射的射电波进行研究。FAST 自身不发射射电波，所以 FAST 开展雷达天文学也要与其他发射射电波的天线进行联合观测。

宿主星系：天文学名词，指天体寄寓于其中的星系。

同一个星系在不同波段看起来不一样

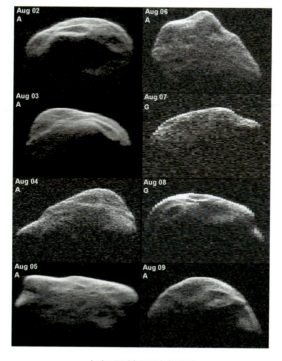

小行星的雷达探测

88 FAST 升级吗

射电望远镜的寿命通常长达几十年。在这期间，接收机技术会经历发展和变革，望远镜会引入新技术，提升观测性能。以美国阿雷西博望远镜为例，这台望远镜最初使用线馈源，观测带宽很窄。后来，通过加装二次反射面和三次反射面实现了点聚焦。在此基础上，开发了多套接收机，尤其是一台 L 波段的7 波束接收机。

在 FAST 设计阶段，只能可靠地建造频率比（频带高端 / 频带低端）为 2：1的接收机，为了覆盖 70 MHz ~ 3 GHz 的频率范围，FAST 设计了 9 套接收机。随着技术的发展，现在已经可以建造频率比为 7：1 甚至 10：1 的超宽带接收机。这些超宽带接收机的出现改变了 FAST 原有的一些设计理念。如果按照初步设计使用 9 套接收机，必然涉及接收机的拆装或者馈源平台的更换。这种过程耗时耗力，拆装过程还可能导致接收机系统的工作参数发生变化。

随着超宽带接收机技术的发展，9 套接收机减少为 7 套。频率比为 7：1 的超宽带接收机已经可以达到较低的噪声温度。这使得 FAST 可以用较少的接收机实现完整的频率覆盖。现在，接收机可以进一步减少为 4 套，并且频率覆盖范围比 70 MHz ~ 3 GHz 更宽。这意味着有可能将覆盖整个波段的几套接收机同时安装在馈源平台上，在观测的时候方便地实现频率切换，而无须像原来一样拆装接收机或馈源平台。

目前，大口径射电望远镜的超宽带接收机系统大多是为观测普通的射电源设计的。宇宙深处的射电源因为距离遥远，通常较弱。射电望远镜接收到来自这些源的能量非常微弱。几十年来，全世界射电望远镜接收到来自宇宙射电源的能量还翻不动一页书。但是对于距离我们最近的强射电源——太阳，用于观测普通射电源的接收机通常无法使用。要实现对太阳尤其是太阳射电爆发的观测，需要对接收机进行专门设计。

接收机系统的一个核心部件是放大器。放大器有一定的动态范围，所以适用于观测弱信号的放大器就无法用于非常强的信号。强信号可能导致放大器工作在非线性区，这样得到的数据无法真实反映源信号。更为严重的是，强信号可能导致放大器饱和甚至烧毁。所以，为了进行太阳观测，可能需要增加一套专门用于观测强信号的接收机。同时，使用观测强信号和弱信号的接收机进行观测也有助于识别射频干扰的来源，减少射频干扰对观测的影响。

目前 FAST 使用的多波束接收机是由多个馈源喇叭组成的。这样形成的多个波束之间有空隙，要实现对天区的完整覆盖需要多次观测或进行扫描观测。扫描观测虽然可以实现对天区的完整覆盖，但这种观测模式只适用于频域观测。时域观测需要连续的时间序列，所以需要进行跟踪观测。FAST 使用 19 波束进行跟踪观测。要不留空隙地覆盖天空需要 4 个位置一组进行观测。这种填补空隙的观测模式相当于浪费了部分观测时间。

使用相控阵接收机可以克服这个缺点。相控阵接收机没有空隙，可以接收到焦面上的所有信息。基于接收到的信号，通过数字波束合成形成多个波束。波束的位置取决于接收单元之间的延迟量。因为是数字波束合成，这些延迟量可以调整，从而使得波束之间可以交叠，实现对观测天区的连续覆盖。

使用相控阵接收机形成交叠的波束可以提高观测效率，避免多次观测，这可以节省大约 3/4 的观测时间。此外，使用相控阵接收机也可以减少因 4 次观测的增益变化产生的测量误差。这使得跟踪观测的数据也可以用于谱线成图。这使得脉冲星搜索观测的同时也能进行星际介质成图，进一步提高观测效能，节约观测时间。

FAST 的主体结构已基本定型，而接收机、数字后端和观测控制模式的升级将大大提升望远镜的性能。

超宽带接收机的馈源

相位阵馈源

引自美国国家射电天文台（National Radio Astronomy Observaory；NRAO）

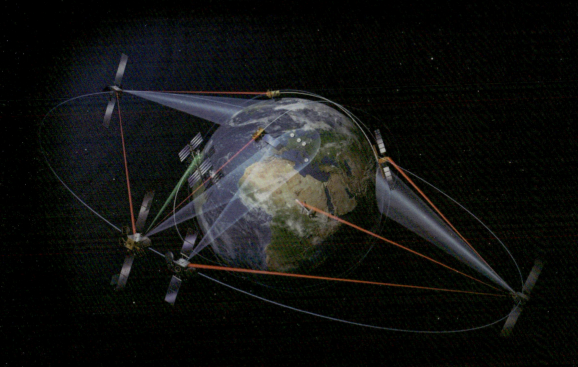

第五篇　其他

89 常见的无线电波段及其用途有哪些

电磁波的波段非常广，从非常低频的用于定位、水下到水面通信和高精度授时的不到 20 kHz 的无线电波到非常高频的来自宇宙的伽马射线，都属于电磁波。如果要说狭义的无线电波，即可以隔空传播的像波一样的电波，通常认为是从长波开始到微波结束的频率范围。

按照频率从低到高，常见的用途有广播、通信、信号传输和天文观测等。

我们常用的无线电频率中，最低频的部分一般在 1 MHz 左右。这部分波段最主要的用途是广播，我们称为中波广播。这样低频率的电磁波对应的波长很长，绕过障碍物的特征很明显，适合比所谓的调频（frequency modulation，FM）广播更远的传播距离。这部分电磁波主要靠地波的形式传播，在下雨天等地面电导率较高的时候能传播数百公里。这个波段在收音机的波段中标记为 MW，有兴趣的可以尝试一下，往往可以收到邻近城市甚至更远的电台。

比这部分频率更高的波段一般称为短波，标记为 HF。短波通常被认为是 3 MHz 到 30 MHz 的频率。这部分的波段惯例性地以 10 MHz 作为分界，分为低段和高段。虽然短波波段的低段和高段或多或少都依赖于电离层的反射，但是由于使用的是电离层的不同层，传播的效果是不一样的，一般认为低段在夜间传播效果较好，而高段在白天传播效果较好。短波波段是个非常神奇的波段，因为有电离层反射，使用这个波段发射的广播、授时信号可以传遍全球。

一般认为，频率高于 30 MHz 的电磁波就不容易被电离层反射了，于是从 30 MHz 往上的频率一般只能在视距范围内传播。对于 FAST 而言，贵州省的地方法规规定 68 MHz 以上的信号不能在相应的区域内发射。而在 68 MHz 以上，其实有着非常多的在我们日常生活中被广泛使用的无线电频率。比如，我们的 FM 广播在 88~108 MHz，对讲机在 409.75~409.99 MHz，手机的通话频率在 800~900 MHz 和 1800~1900 MHz，而家用 Wi-Fi 的频率是 2.4 GHz 和 5 GHz。

以上这些是在日常生活中常用的无线电频率。而在射电天文中，有着另一些常用频率。这些频率往往是按照发射这些信号的星际原子或分子来区分的，而不是按照频率。在射电天文中，最重要的是中性氢的超精细结构跃迁的谱线，就是俗称的中性氢21厘米谱线。因为这个谱线的强度能反映中性氢的数量和温度，所以它得到了非常高的重视。无论国内还是国外，普遍认为在这个频率附近，一般以1420.4 MHz来标记。该频率被规定不能有任何人类的无线电业务运行，天文是这一波段的唯一业务。与此类似，比如CO这个丰度最高的致密分子探针，其主要的发射频率——115 GHz和230 GHz也有相应的保护。而更不常见的，比如NH_3的信号和H_2O的信号，以及更加少见的射电观测频率，则一般不会被保护，因为更多的频率保护会更大程度地影响人们的日常生活。

因此，在射电天文和人类生活中就存在着各种矛盾。比如，虽然中性氢21厘米谱线波段得到了非常好的保护，但是由于遥远的宇宙深处的天体相对于我们有着非常快的退行速度，因而我们观测到的频率会比1420.4 MHz低很多。在1000~1500 MHz的波段内有着非常多的应用，如导航、卫星通信等。如果为了观测中性氢以及红移信号而将大段的频率保护起来，则会很大程度上影响人们的日常生活，所以只能将射电望远镜建设在偏远的山区以避免人类生产生活带来的无线电干扰。

无线电频率是非常宝贵的资源，从国家安全到家庭生活等方方面面都离不开它。FAST是个非常灵敏的耳朵，在它周边乃至非常远的地方的哪怕一丁点无线电发射，在它听来都如同雷声一样巨大。为了让这个耳朵能够听清楚来自太空的微弱声音，它周边的无线电使用必须严格遵守国家及地方法规。

90　射电望远镜有电磁辐射吗

射电望远镜源于无线电通信用的天线。卡尔·央斯基在 1931 年使用一架用于研究无线电干扰的天线，发现了来自银河系中心的射电辐射。随后，格罗特·雷伯使用自己建造的抛物面望远镜完成了人类第一幅射电波段的天图。这些观测都是用射电望远镜接收电磁波，而不发射电磁波。但天线既可以接收电磁波，也可以发射电磁波。

第二次世界大战后，大量雷达技术被用于射电望远镜。雷达是一种既发射又接收电磁波的设备。射电天文观测中也引入了雷达。阿雷西博望远镜最早就是为了研究电离层而建造的雷达。后来，阿雷西博望远镜借助其发射功能开展了雷达天文学观测，测定了水星和金星的自转速度。这是通常的射电天文观测无法完成的。

雷达天文观测的特点决定了其目标只能是太阳系内的天体。大部分射电望远镜的主要科学目标是太阳系外的天体。距离太阳最近的恒星距离超过 1 pc，即使有足够强的发射功率，雷达回波信号也需要数年时间才能返回。银河系的直径超过 30 kpc，而河外星系的距离通常超过 1 Mpc。这些天体的观测只需要接收射电波。此外，现在的雷达天文观测通常有专门的天线发射射电波，射电望远镜接收回波，因此射电望远镜无须具有发射功能。所以，世界上很多大口径射电望远镜都只接收不发射射电波。

FAST 针对主要科学目标开展的观测都只需要接收射电波，因此 FAST 从设计开始就是一台不发射射电波的射电望远镜。为了减少人类活动对 FAST 的影响，FAST 周边还设立了电磁波宁静区。

但是，作为一台射电望远镜，FAST 有很多电气和电子设备，这些设备会发出射电波段的电磁辐射。FAST 主动反射面有 2225 台促动器，馈源支撑系统有 6 台驱动电机，馈源舱内还有精调平台和压缩机，测量与控制系统有 20 多台自动全站仪。在调试初期，这些设备发出的射频电磁波让 FAST 成为一台"发射电磁辐射的射电望远镜"。这些设备发出的射频电磁波使得 FAST 在调试期间难以进行谱线观测，脉冲星观测也只能在某些干扰较少的波段进行。后来，所有促动器都完成了电磁屏蔽，馈源舱的索驱动机房也进行了电磁屏蔽，馈源舱下方加装了屏蔽布，专门为自动全站仪定制了屏蔽罩。完成这些电磁屏蔽改造后，FAST 自身设备发出的电磁辐射对观测的影响可以忽略。自此，FAST 可以进行谱线观测，脉冲星观测也可以使用更宽的波段，观测能力得到了很大提升。

FAST 现在正在拓展其他观测能力，比如开展雷达天文观测、探测近地小行星等。不过，对于这些观测，FAST 需要和其他能发射射电波的天线联合进行，因为 FAST 只能接收反射回来的射电波。

91　FAST 怕什么、不怕什么

大气有两个对电磁波透明的波段（大气窗口），一个是可见光波段，另一个是射电波段。除对太阳的观测外，光学观测都只能在夜间进行。和可见光相比，地球大气对射电波更透明。地球大气散射可见光，所以在白天整个天空都非常明亮，盖过了星光。而地球大气对射电波几乎没有散射，所以在白天也可以进行射电观测。FAST 作为一台射电望远镜，不怕白天，可以一整天观测。不过太阳的射电辐射对于 FAST 来说太强了，FAST 需要偏离太阳 5° 以上。

光学观测会受到天气的影响，在有云层的时候不能观测，而下雨会对望远镜的镜面造成损害。FAST 覆盖 70 MHz ~ 3 GHz 波段，云层和雨水对该波段的电磁波是透明的，所以 FAST 在阴雨天气也可以进行观测。FAST 反射面使用了打孔铝板，雨水不会损坏反射面。FAST 的电气设备也进行了防水处理，所以FAST 并不怕阴雨天气。

FAST 虽然不怕雨水，但强对流天气会对 FAST 造成威胁。大风会强烈扰动馈源舱，产生缆索共振，使馈源舱失去控制。所以，在有大风的情况下，馈源舱要下降到缆停靠平台。强对流天气通常伴随冰雹，冰雹对 FAST 反射面的威胁较大。反射面面板厚度为 1 mm，小的冰雹会在反射面面板上留下凹坑，影响反射面面形精度，而大的冰雹有可能直接砸坏反射面面板。为了减少冰雹的影响，FAST 周围建设了一些消雹站，通过人工降雨的方式降低产生冰雹的概率。此外，大风和冰雹还会影响 FAST 的供电线路，导致供电中断。供电中断会导致数据中心断电和接收机的压缩机断电。数据中心断电可能导致数据存储错误，而重新启动耗时较长，影响正常观测。压缩机断电可能导致接收机的制冷杜瓦真空度降低，重新抽真空费时费力。现在 FAST 已经建设了 2 条来源不同的供电线路，供电受天气影响的情况大大减少。

光学观测怕城市灯光的干扰，射电观测也怕人类活动产生的射频干扰。在地球上，因为距离遥远，天体的射电辐射非常弱，相比之下，人类产生的射频干扰是非常强的。FAST 是世界上最大的单口径球面射电望远镜，经常观测最暗弱的射电源，更容易受到射频干扰的影响。在调试期间，FAST 自身的电气、电子设备没有完全屏蔽，射频干扰使得 FAST 只能在某些波段进行脉冲星观测，谱线观测完全无法进行。随着调试的完成，FAST 自身的电气、电子设备逐渐被屏蔽。同时，当地政府采取了一系列措施，在 FAST 周边设立了电磁波宁静区，关闭了核心区中的通信基站，将核心区中的居民搬迁到了 10 km 外的小镇。经过这些努力，FAST 可以开始进行高灵敏度的谱线观测。虽然来自地面的射频干扰得到了最大限度的消除，但 FAST 还要面对来自天上的无法避免的射频干扰，如卫星发出的射频信号造成的干扰。虽然卫星本身的信号波段带宽有限，但因为强度较高，其能量会泄露到旁边的波段，影响一个很宽的波段。这是目前对 FAST 影响最大的射频干扰。

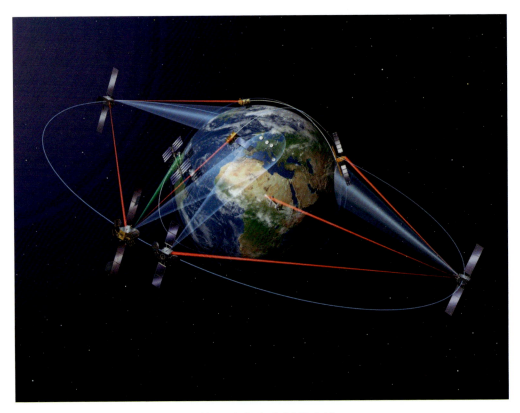

导航卫星会产生射频干扰

92　参观 FAST 时需要注意什么

凭借优异的性能，FAST 进行前沿的射电天文观测，取得了一系列重要成果，成为全体中国人民为之骄傲的国之重器，许多人渴望近距离接触它、感受它。FAST 除了承担重要的科研任务，还成为开展科普工作的重要载体。广大人民群众通过 FAST 开始关注天文学，乃至关注其他自然科学学科。FAST 不再是仅仅出现在新闻里的抽象概念，而是现实生活中普通人可以接触到的天文观测设备。

贵州省在 FAST 周边建设了天文小镇，旁边的山顶上建设了观景平台，人们可以方便地全景观赏 FAST。参观 FAST 的起点是天文小镇，小镇上有天文主题的展览馆。游客在参观前可以在展览馆对射电天文学、FAST 的结构和建设历程进行概要的了解，找到自己感兴趣的部分，在观景台参观的时候重点关注望远镜的结构组成及其规模、作用。

FAST 是全天候工作的射电望远镜，每天观测时间接近 24 h。所以，人们在观景平台参观时，FAST 多数时候都是在进行观测的。FAST 作为射电望远镜，不怕日晒雨淋，也不怕喧闹嘈杂，但射频干扰会严重影响其观测。

很显然，参观 FAST 是有特殊性的。从法律的角度讲，电磁波宁静区是有相关法律规定的，进入电磁波宁静区不能携带未经许可的电子设备。从科学的角度来说，手机等电子设备会产生射频信号，严重干扰 FAST 的运行。手机自然不用说，即使把手机放到月球上，FAST 也能接收到其信号。由于手机信号太强，在 FAST 旁边使用手机甚至有可能危及接收机。根据调试期间的经验，数码相机、手机、手表等电子设备都会对 FAST 产生干扰。所以，参观 FAST 的时候不能携带电子设备。按照参观游览的流程，游客需要将身上的电子设备寄存，在天文小镇通过安检，然后乘车到达观景平台进行参观。游客若想与 FAST 合影留念，只能在观景平台使用机械式胶片相机拍照。不仅如此，汽车也会对 FAST 产生干扰。除了车载电子设备，使用汽油的汽车，只要火花塞工

作就会产生射频干扰。所以，
这里的汽车大部分是柴油车，
并且车载设备尽量简单。也正
是因为这个原因，参观 FAST
需要统一乘车，而不能自行驾
车前往。

在观景平台参观时，也不
能向观景平台下方抛物。由于
观景平台高度较高，高空坠物
可能对 FAST 园区内的人员和
设备安全造成威胁。

在 FAST 落成，电磁波宁
静区建立后，当地居民已经
陆续迁出。FAST 周边又变
成了野生动物和植物的乐园。
FAST 周边发现过眼镜蛇、眼
镜王蛇、竹叶青等毒性较大的
蛇类，也发生过马蜂追人、伤
人的事故。另外，由于在电磁
波宁静区内不能携带电子设
备，且进入该区也根本没有无
线通信信号，游客参观 FAST
一定要统一行动，不能自己翻
山前往，也不能偏离参观游览
路线。只有这样才能避免接触
到危险动物，保证不失联，确
保人身安全。

左方为观景平台

93 FAST 周边为什么要设立电磁波宁静区

射电天文观测的特点就是探测的信号能量非常小，因而容易受到人为射频信号的干扰。射电望远镜需要尽量避开射频干扰。FAST 作为世界上最大的单口径射电望远镜，宁静的电磁环境是其正常运行的重要保障。FAST 通过对自身设备的屏蔽处理，避免了自身设备的干扰。FAST 台址周围的山体也起到了阻挡干扰信号的作用。但是，人类活动产生的射频信号虽经过长距离的衰减，仍然会对 FAST 产生干扰。

人类活动不可避免地会产生射频干扰，因为现代生活中人们依赖各种电器和无线通信。因此，减少射频干扰最直接的办法就是减少人类活动。在 FAST 建设期间，台址洼地中的居民搬迁到了附近的小镇。在 FAST 建成后，当地政府也启动了对周边居民的搬迁。

设立电磁波宁静区，一方面从技术角度明确了在多大范围内应该避免使用未经许可的电气、电子设备；另一方面，电磁波宁静区的设立也通过立法得到了保障。设立电磁波宁静区后，在其中进行管理就有法可依。2013 年 10 月 1 日，贵州省人民政府公布的《贵州省 500 米口径球面射电望远镜电磁波宁静区保护办法》正式施行。2019 年 4 月 1 日，贵州省人民政府公布的新的《贵州省 500 米口径球面射电望远镜电磁波宁静区保护办法》正式施行，2013 年 10 月 1 日施行的保护办法同时废止。

FAST 周边 5 km 范围内为电磁波宁静区的核心区，居民都要迁出。在 FAST 落成后，电磁波宁静区核心区的居民就开始陆续搬迁到了附近大约 10 km 的小镇。这样就避免了 FAST 附近的人类生活产生的射频干扰信号。FAST 周边 5～10 km 范围是电磁波宁静区的协调区，通常情况下，居民无须迁出。但在 FAST 调试过程中，科学家发现核心区边缘外的部分居民生活产生的射频干扰对观测也有影响，后来这部分居民也按照要求搬迁到了天文小镇。电磁波宁静区核心区外的居民虽然通常不用搬迁，但需要对这里的基础设施进行一些处

理，如对无线通信基站的发射功率和发射方向都进行了调整，对高速公路的走向也进行了适当改动，使得射频干扰信号不向 FAST 方向传播。

　　除了对地面人员和设施的限制，电磁波宁静区还对天空中的飞行器进行了限制。FAST 上空曾经有一条航线，但航空导航信号对 FAST 的观测有很大影响，所以在设置电磁波宁静区的时候，也对这条航线进行了调整，使得 FAST 上空已经没有飞机飞过，航空导航信号的干扰也就减弱了很多。

　　如今，FAST 观测中最强的干扰来自人造卫星，这是电磁波宁静区无法控制的因素，只能通过人造卫星过境预报来了解干扰产生的时间和波段，随后在数据处理的时候加以考虑。

天文小镇

94　FAST 是什么时候向全世界开放的

　　FAST 起源于 1993 年的大望远镜（large telescope，LT）的概念。从 1994 年起，科研人员开始进行选址工作，同时也对望远镜的各个系统进行了概念设计。至 1998 年，科研人员创造性地提出了主动反射面和柔性馈源支撑的设计方案，完全改变了已有大型射电望远镜的设计概念，FAST 完整概念就此问世。

　　随后，全国 20 家科研院所组建了 FAST 项目委员会。1999 年 3 月，知识创新工程首批重大项目"大射电望远镜 FAST 预研究"启动，科研人员开始在 FAST 完整概念的框架下对各系统进行更仔细的设计和研究。经过几年的研究，FAST 项目顺利通过了中国科学院组织的专家评审会和"FAST 项目国际评估与咨询会"。2007 年 7 月，国家发展和改革委员会批复 FAST 工程正式立项。2008 年 10 月，国家发展和改革委员会批复了 FAST 工程可行性研究报告。2008 年 12 月，FAST 工程举行了奠基仪式。

　　随后科研人员进行了 FAST 工程的初始设计和工程概算，2009 年 2 月得到中国科学院、贵州省人民政府批复。

　　2011 年 3 月，FAST 工程开工建设。首先进行的是台址开挖和边坡治理。这项工程于 2012 年 12 月验收。随后开始进行望远镜主体结构的建设。

　　2013 年 12 月，FAST 圈梁钢结构合龙。

　　2014 年 11 月，FAST 馈源支撑塔制造和安装工程通过了验收。

　　2015 年 2 月，FAST 完成了反射面索网安装。

　　2015 年 11 月，FAST 馈源支撑系统通过验收。

　　2016 年 6 月，FAST 完成了综合布线工程，馈源舱主体完工。

　　2016 年 7 月，FAST 反射面安装完成，FAST 主体工程完工。

　　2016 年 9 月初，FAST 超宽带接收机完成安装，首次进行了脉冲星观测。

　　2016 年 9 月 25 日，FAST 工程落成启用。

此后，FAST 开始了紧张的调试。在此过程中，FAST 于 2017 年 8 月发现了首颗脉冲星。经过 3 年多的调试，FAST 在 2020 年 1 月通过国家验收，开始正式运行。一年后，2021 年 4 月，FAST 正式向国际开放，向国际社会宣布"FAST 进入运行期"。

FAST 落成启用

95　FAST 对所在地的经济发展有什么影响

FAST 作为我国的一个大科学工程，从选址开始就得到了贵州人民的大力支持。在 FAST 建设过程中，地方政府也改造和建设了通向 FAST 的道路，使得世代只能走山路的居民有了方便的道路。随着 FAST 知名度越来越高，全国乃至全世界的目光开始关注 FAST 台址所在的贵州省黔南布依族苗族自治州平塘县。平塘的知名度大大提升，可以说全世界的目光都投向了平塘。

在 FAST 开始建设后，台址所在的大窝凼中的十几户居民搬迁到了附近的小镇。在建设过程中，当地一些居民参与建设，直接增加了他们的收入，也让他们和外界有了接触。

FAST 建成后，为了更好地运行，贵州省人民政府在台址周围设立了电磁波宁静区。大窝凼周边 5 km 内的居民搬迁到了附近的小镇，他们的居住环境得到了改善，生活条件也得到了很大的提升。电磁波宁静区中的采石和采矿等企业也被关停，生态环境得到了恢复。最为重要的是，这些居民改变了观念，和外界有了更多联系，有了更多发展的可能性。比如，当地发展了很多特色水果的种植，借助 FAST 的知名度，这些水果卖到了全国各地。小镇上有学生考上了外地重点大学，还有学生因为 FAST 选择学习天文学，通过学习走出了大山，这些学生学成后也能为家乡的发展贡献力量。

结合移民搬迁，当地政府在已有的小镇附近建设了天文小镇，这里有宾馆、天文馆和其他旅游服务设施，初步形成了一个天文科普基地，已经成为全国中小学生研学的热门目的地。依靠 FAST 这张名片，越来越多的游客慕名来到这里。天文小镇也为周边的旅游地带来了很多客流，游客在参观 FAST 之余，还可以进一步游览和考察周边的喀斯特地貌。客流的增加带动了当地经济的快速发展。

FAST 建成后也在不断发展，除了望远镜本身的维护和保养，还有一项工作就是建设数据中心。FAST 常规观测的数据量非常大，位于台址的数据中心容量已经不能满足观测的要求，所以 FAST 建设了新的数据中心，以满足今后数年观测的需求。这个数据中心就建设在天文小镇。随着数据中心的建设，天文小镇的信息和通信等基础设施水平也会得到进一步提升。这些基础设施的升级有可能在未来为当地带来新的产业和经济增长点。

　　如今，FAST 已经产生了一批有影响力的科学成果，天文小镇和平塘的知名度也在进一步提高。未来，FAST 周边还将建设一些口径较小的望远镜，组成阵列望远镜，进一步提升 FAST 的观测性能。在这个过程中，FAST 周边的基础设施还会进一步升级，天文小镇和平塘也都会因此受益。FAST 阵列建成后，将保证未来的科学产出，保持 FAST 的知名度，也为当地经济发展贡献力量。

天文小镇

96　FAST 能用多少年

　　射电望远镜通常都有一个设计使用年限。射电望远镜在运行之前要经历几年的调试，对于多科学目标的通用型射电望远镜，使用寿命要显著长于这个年限才能实现望远镜的最大科学产出。

　　目前，世界上著名射电望远镜的设计使用寿命或实际使用寿命都是几十年。阿雷西博望远镜自 1962 年投入使用到 2020 年馈源支撑平台坠落坍塌，经历了 58 年。这属于比较高寿的射电望远镜。作为绿岸望远镜前身的 300 英尺望远镜自 1962 年开始观测，到 1988 年坍塌，使用了 26 年。这属于使用年限不长的射电望远镜。这两台望远镜都是因为维护保养不足、结构缺陷导致最终坍塌。所以，射电望远镜上不能更换的部件的使用寿命决定了射电望远镜的使用寿命。

　　FAST 设计的使用寿命是 30 年。一方面，这是根据国际上射电望远镜的使用寿命做出的估计；另一方面，也是受到望远镜结构使用寿命的限制。上面说到过，不能更换的部件的使用寿命决定了望远镜的使用寿命。FAST 的馈源支撑索的使用寿命只有 5 年，但这 6 根索是可以更换的，通常在发现结构缺陷之前就会更换。所以馈源支撑索的使用寿命不会限制 FAST 的使用寿命。馈源支撑塔和主动反射面圈梁都是钢结构，只要做好防腐，其使用寿命就和很多桥梁一样，可以达到或超过百年。真正对 FAST 使用寿命有决定性影响的是 FAST 的反射面索网。

　　FAST 的索网和悬索桥的索不一样。FAST 索网因为要经常变形，所以要经历多次大应力幅的应力加载。按照望远镜运行 30 年计算，这样的应力循环高达 10 万次。最初，没有钢索能达到这样的疲劳性能。经过 2 年多的上百次修改和试验，工程人员最终研制出了可以承受数十万次应力循环的索，所以，理论上 FAST 应该可以运行超过 30 年。目前，工程人员也正在探索主索网检测和更换的方案。一旦主索网可以实现方便地更换，那么主索网的使用寿命就不会限制 FAST 的使用寿命。最终，FAST 的使用寿命就受限于圈梁和馈源支撑塔的使用寿命。

　　上面讨论的是结构对望远镜使用寿命的影响。实际上，射电望远镜的使用寿命还受限于其他因素。射电望远镜的观测能力在不断提高。当新建的望远镜的观测能力提高到一定程度时，早期建造的望远镜就不再使用了。所以，要延长射电望远镜的使用寿命，不仅要对其结构进行维护保养，还要提升其观测能力。例如，降低系统温度从而提高望远镜灵敏度，建造超宽带接收机从而拓展观测波段，建造多波束接收机和多功能数字后端以提高观测效率。

　　单口径射电望远镜的直径已经快达到极限了，未来射电望远镜的发展趋势是建设望远镜阵列。如果在 FAST 周围建设望远镜阵列，使 FAST 融入其中，FAST 的使用寿命将会大大延长。

坍塌前的 300 英尺望远镜

坍塌后的 300 英尺望远镜

97 有了 FAST，是否需要 FAST 阵列

　　凭借 FAST 的高灵敏度，天文学家已经发现了超过 1000 颗脉冲星，测量了快速射电暴的偏振变化，测量了致密云核中的磁场强度，发现了星系群周围的大尺度中性氢结构，发现了轨道周期最短的脉冲星双星系统，也通过脉冲星计时阵列观测得到了引力波背景存在的最强证据。

　　FAST 发现的脉冲星数量是同期世界上其他望远镜发现的脉冲星数量总和的大约 3 倍。FAST 观测天区和其他望远镜的观测天区有很多重合，更多的发现依靠的是 FAST 的高灵敏度和高巡天效率。高灵敏度来源于 FAST 巨大的接收面积和较低的系统温度，这使得 FAST 可以在更短的时间内看到更暗弱的源。而高巡天效率既和高灵敏度有关，也和 FAST 配备的多波束接收机有关。一方面，高灵敏度使得 FAST 在同一片天区观测所需的时间更少；另一方面，多波束接收机使得 FAST 可以同时观测多片天区。因而 FAST 可以用更短的时间观测更大范围的天区，发现更多脉冲星。

　　由于光路相对简单，FAST 的偏振性能优良，适于精确测量天体的偏振。这使得 FAST 首次测量了一批快速射电暴的偏振变化。这些结果有助于理解快速射电暴的起源。现在可以初步确定部分快速射电暴起源于类似超新星遗迹的环境中，可能和致密星的磁层活动有关。

　　依靠高灵敏度和优良的偏振性能，FAST 可以探测到中性氢窄线自吸收的塞曼效应，从而测定致密云核中的磁场强度。从信噪比来分析，这是用其他望远镜无法完成的测量。

　　星系群周围的大尺度中性氢结构、轨道周期最短的脉冲星双星系统，以及引力波背景的观测都依赖于 FAST 的高灵敏度。星系群周围的中性氢结构是相对暗弱的，使用其他望远镜难以观测。对于轨道周期最短的脉冲星双星系统的观测，需要在远远短于轨道周期的时间里得到脉冲星的脉冲轮廓，这对于其他望远镜来说是难以做到的。高灵敏度也使得 FAST 进行脉冲星计时观测的计

时噪声很小，从而使得中国的脉冲星计时阵列得到了引力波背景存在的最强证据。

FAST 得到了这么多重要的观测成果，是不是表明 FAST 不需要改进了呢？答案是否定的。主要原因是 FAST 的分辨率有限。确定快速射电暴寄主星系对于确定其起源至关重要。FAST 在 L 波段的角分辨率大约为 3′，快速射电暴的定位所需的角分辨率至少要优于几个角秒。目前 FAST 快速射电暴观测中，定位观测都是使用其他望远镜阵列完成的。但是，天文学家发现，可能有一部分快速射电暴是不重复的。此外，还有一些与此类似的源，例如引力波暴的射电对应体和超新星的射电对应体。对于这种不重复的源，分别使用 FAST 和其他望远镜阵列进行观测是难以完成的。对这些源的观测既需要 FAST 进行偏振测量，也需要阵列进行定位。一种可能性就是在 FAST 周边建设一些望远镜，和 FAST 组成阵列，同时进行观测，这样就可以实现对非重复源的测量和定位。

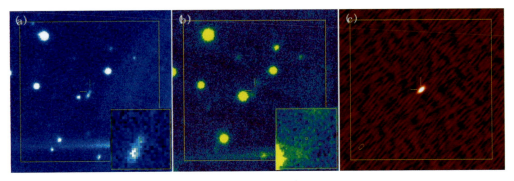

使用望远镜阵列对快速射电暴定位

98 有没有地外文明或外星人

　　地球是一颗特别的行星，它是人类的家园。在古代，我们对宇宙的认识有限，把地球之外想象为天上的世界，其中有宫殿、街市，居住着神仙。随着我们对宇宙的了解逐渐深入，我们知道，地球只是一颗围绕一颗普通恒星公转的普通行星。如果说还有些特别，那就是地球上有生命，有人类，有文明。到目前为止，我们还没有在其他天体上发现生命，更没有发现智慧生物和文明。

　　地球有很好的条件，是一颗宜居的行星。地球距离太阳不近不远，太阳辐射可以让地球保持合适的温度，使得地球表面有液态水。地球质量不太小，能保持足够的大气，不会像火星那样大气稀薄。地球内部尚未完全冷却，还有活跃的板块运动，这使得地球可以在一定程度上调节大气中的温室气体浓度，避免变成金星那样。地球还保持了较强的磁场，避免了太阳风长期直接作用于地球大气而将其吹散。

　　粗看起来，要满足很多条件才能在一颗行星上产生生命，甚至智慧生物和文明，似乎符合条件的行星会很稀少。但是，仅仅在银河系中就有千亿颗恒星，现在认为大部分恒星周围都有行星。那么，银河系中这么多行星中有多少能满足产生生命、智慧生物和文明的条件呢？有多少能和我们建立联系呢？弗兰克·德雷克（Frank Drake）提出过一个公式，称为德雷克方程，用于计算银河系内可能与我们通信的文明数量。这个公式给出：银河系内可能与我们通信的文明数量＝银河系内恒星数目×拥有行星的恒星比例×每个行星系统中类地行星数目×有生命进化可居住行星比例×演化出智慧生物的概率×智慧生物能够进行通信的概率×科技文明持续时间在行星生命周期中占的比例。这个公式第一次清楚地表达了如何估计可能的地外文明的数量。德雷克方程也可以写为：银河系内可能与我们通信的文明数量＝银河系形成恒星的平均速率×拥有行星的恒星比例×每个行星系统中类地行星数目×有生命进化可居住行星比例×演化出智慧生物的概率×智慧生物能够进行通信的概率×科技文明持续时间。

经过多年的研究，我们对德雷克公式中的一些参数已经比较了解了，例如银河系内的恒星数目、拥有行星的恒星比例、每个行星系统中类地行星数目。事实上，天文学家已经在太阳系周围不大的区域中找到了条件和地球非常类似的行星，它们也处于宜居带中，表面可能有液态水。所以，银河系中应该有大量这样的行星。但是，我们对于生命产生的条件并不完全清楚，也不知道生命必须经过怎样的过程才会产生智慧生物，所以现在还难以估计银河系中有没有外星文明或外星人。

找到外星文明的一个可能性就是接收到来自外星文明的信号，甚至和外星文明通信。FAST 的一个重要科学目标就是地外文明搜寻，但 FAST 不发射信号，不进行通信。不仅如此，文明发展到一定程度可能会像我们人类一样走向太空，因此搜寻在太空中航行的飞行器也是搜寻外星文明的一个方向。也就是说，我们丝毫不怀疑地外文明能够发展出高科技的能力。但是，科技文明持续的时间是一个不确定因素，根据人类自身的观测可以发现，我们对这个持续时间不应该太乐观。

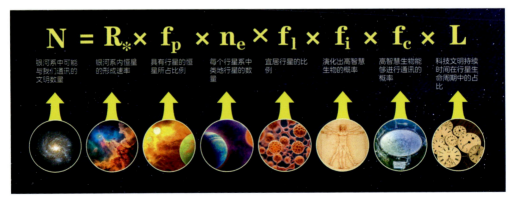

$$N = R_* \times f_p \times n_e \times f_l \times f_i \times f_c \times L$$

| 银河系中可能与我们通讯的文明数量 | 银河系内恒星的形成速率 | 具有行星的恒星所占比例 | 每个行星系中类地行星的数量 | 宜居行星的比例 | 演化出高智慧生物的概率 | 高智慧生物能够进行通讯的概率 | 科技文明持续时间在行星生命周期中的占比 |

德雷克方程

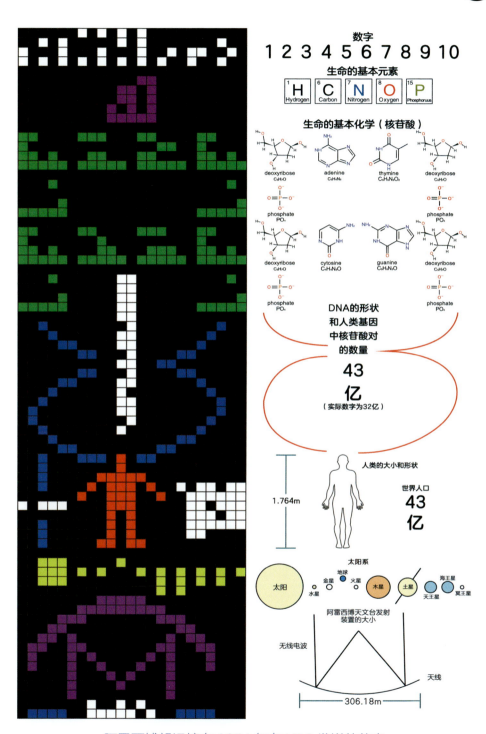

阿雷西博望远镜在 1974 年向 M13 发送的信息

99 宇宙中有硅基生命吗

在元素周期表上，碳（C）、硅（Si）、锗（Ge）、锡（Sn）以及铅（Pb）是同一族元素。既然构成地球生命的主要结构是碳，我们可以设想，或许有通过硅甚至碳族以外的比如氮（N）为骨架构成的生命体。然而，世界的法则似乎并不怎么赞同这样的想法。

以碳为骨架的生命，其生命活动的能量来自氧化还原反应。地球上的生物通过自身的营养物质和氧气反应产生生命活动所需的能量，并且释放出二氧化碳（CO_2），通过将二氧化碳中的氧转化出单质或者类似的原理来储存摄入的能量。碳和氧在产生能量过程中相互反应生成的是气体，而储存能量的环节则是将这两种元素进行复杂的组合，从而以常温常压下液体或固体的方式来储存。因为液体或者固体的密度是气体的千倍，所以能量以相对非常高的状态得以轻易储存于生命体中。在这一过程中，水（H_2O）是不可或缺的溶剂，万物生命活动离不开水。

假设存在一种以硅为骨架的"有机物"构成的生物，其存在会面临诸多挑战。首先遇到的问题是溶剂。由于氢键的存在，水的熔点达到了273 K，即0 ℃。而分子量比水大的氢与氧族元素形成的化合物，如硫化氢（H_2S）、硒化氢（H_2Se）甚至碲化氢（H_2Te），都是气态。水很可能不能作为硅基生命的溶剂，因为硅的复杂化合物都无法溶于水。而如果是依靠氧族元素的氢化物作为溶剂，则毫无疑问这样的生物只能在非常低的温度下存活。然而，硅的简单无机化合物往往具有很高的熔点，因此是否能在低温下有效溶于溶剂中，非常依赖生命进化的路线。相比较碳–氧生命，这样的路线对于硅基生命来说非常少，因而也就大大限制了硅基生命出现的可能性。

由于原子特征（如原子半径的区别），以及化学键的稳定性，硅形成的化合物远没有碳形成的化合物多样和稳定。因此，即使曾经存在过硅基生命，也很容易受各种因素影响而迅速消亡。

　　另一种可能的所谓硅基生命，其实是机器人。机器人不受生命体特征的影响而存在。假设机器人的控制已经足够复杂，那么在某种程度上或许也可以被认为是某种生命存在的形式。但至少现阶段机器人与普通意义上的生命体还存在本质的差别，如机器人是否能有效复制自己并维持足够长的时间，这涉及寿命、物质和材料的回收利用、制造，以及自我提高等问题。

　　现在，人工智能的发展已经让人类自身产生了警惕并开始加以控制，而机器人既不能凭空产生，也不能从自然界的化学反应中生成，它需要智慧生物的存在和辅助。在这个意义上说，以机器人为形式的硅基生命面临的生存和发展机会非常有限，只要是在智慧生物控制之下的机器人都不太可能获得足够的智能以独立存在。

　　人类作为以碳为骨架、靠氧气和水生存的生物，是这个星球上进化中的佼佼者，也很可能是宇宙中诸多生命的主要存在形式。

100 FAST 能和外星人联系吗

外星生命是否存在是天文学所关心的一个基本问题。地外文明搜寻是搜寻外星生命研究中的一个重要分支，也是 FAST 的一个重要科学目标。为此，FAST 已经建造了专门的数字后端，用于寻找可能的来自外星文明的信号。地外文明搜寻大多数时候不是专门进行的，而是在进行其他观测的时候进行。因为我们不知道外星文明处于哪个天区，所以只能在尽可能多的天区进行搜寻。

按照我们对人类文明的理解可以发现，当科学技术发展到一定水平，人类就开始大量使用电气设备，并使用无线电进行通信。我们的太空探索也极大地依赖于无线电通信。我们相信，外星文明达到一定高度，也一定会使用无线电通信，并且离开他们所居住的行星，进行太空探索。外星文明通信的无线电信号会向太空泄露，因而有可能被我们接收到。这就是 FAST 搜寻外星文明的基本假设。

用于通信的信号频率范围都很窄。一方面是因为总的频带宽度是有限的，使用窄带信号才能容纳大量的信道；另一方面，将能量集中到很窄的带宽可以实现用很少的能量产生较强的信号。所以，使用窄带信号进行通信是无线电通信的必然选择。我们相信外星文明存在于围绕某颗恒星公转的行星上，从这颗行星上发出的无线电信号会受到轨道运动的调制。所以，我们所观测到的信号频率会有周期性的变化。FAST 的地外文明搜索，旨在搜寻的就是这种窄带信号。

搜寻这种窄带信号最大的困难来源于射频干扰——我们自己的文明所产生的信号。可以想象，一些射频干扰和外星文明信号是非常类似的。实际上，FAST 已经开展的地外文明搜寻观测到了很多外星文明的候选信号。但仔细分析发现，大部分这种信号应该来源于地球。来自地球的干扰信号通常是被望远镜波束的旁瓣接收到的。如果使用多波束接收机，这种干扰信号通常会被多个波束甚至所有波束接收到。如果信号只出现在少数几个相邻波束，甚至只出现在一个波束中，这种信号就有可能来自地球之外。截至目前，FAST 接收到的最好的一个候选信号来自对某颗恒星的跟踪观测。在那次观测中，对准恒星的波束接收到一个窄带信号，可以看到其频率在有规律地变化。但后续分析发现，这个信号可能来自接收机后端电路，而不是来自地球以外。

　　要真正接收到来自外星文明的信号，我们还有很长的路要走。考虑到外星文明所在行星围绕恒星的运动周期可能长达几年甚至几十年，我们要确认来自外星文明的信号也可能需要同样长的时间。因此，我们还需要积累几年甚至几十年的数据才能发现可能的信号。即使我们接收到来自外星文明的信号，这些信号也不一定是专门用于和我们联系的。我们如果要和外星文明联系，需要先发出一个信号，即使对方能懂，回复我们一个信号，这样一来一回也需要几十年。而具体到 FAST，因为 FAST 只接收不发射信号，所以更无从和外星人取得直接联系。

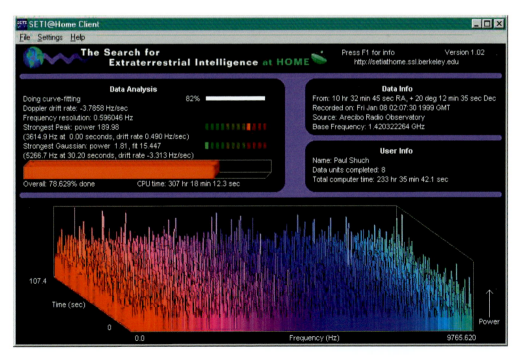

地外文明搜寻信号搜索软件 SETI@Home 的运行界面

中国天眼101个为什么（第二版）

FAST 探测到的一个候选信号

260

101　FAST 能帮助人类探索外太空吗

自进入太空时代以来，人类探索太空的脚步就从未停止。国际上已经向水星、金星、火星、木星、土星以及外太阳系发射了多个探测器，距离我们最远的探测器——旅行者 1 号已经接近日球层边缘。我国已经成功开展了探月工程，实现了在月球采样并携带样品返回地球。我国也向火星发射了探测器。在不久的将来，我国还将开展载人登月和月球基地的建设，也将继续推进火星探测和木星卫星的探测。

太空探测是一个系统工程，不仅需要火箭和飞行器，成功的太空任务还需要通信、轨道测定、空间碎片预警、空间天气预报等工作的支持。

通信是地面控制中心向飞行器传达指令以及飞行器报告状态、传输数据的基础。太空中的通信依靠无线电波。各国为了进行深空探测，通常都会建造用于通信的大口径天线。我国在月球探测和火星探测任务中都建造了大口径天线，这些天线可以完成信号的收发。FAST 只能接收信号，不能发射信号，所以不能进行双向通信。

太空飞行器沿着设计好的轨道飞行，大幅偏离轨道可能导致任务失败。因此，需要随时掌握飞行器的轨道，以便在必要时对轨道进行修正。我国在探月工程中开始使用甚长基线干涉测量技术测定飞行器轨道。太空飞行器对于射电天文而言是强射电源，适合进行甚长基线干涉测量。FAST 已经进行了甚长基线干涉测量，未来将会加入国际甚长基线干涉测量网，也可以开展飞行器轨道测定的工作。但 FAST 观测天顶角范围有限，而且科学观测任务非常多，不一定能够进行太空飞行器轨道测定的工作。

空间碎片对太空飞行器有很大威胁。了解空间碎片的运行规律是保证飞行器安全以及任务成功的基础。FAST 可以在一定程度上提供空间碎片的信息。雷达天文学是 FAST 的一个重要研究方向。雷达天文学就是从地面主动向目标天体发射射电波，然后通过接收到的回波对目标天体的大小、形状和表面附近的物质组成进行研究。FAST 不能发射射电波，若要进行雷达天文学观测需要其他天线发射射电波，FAST 接收反射的回波。在进行雷达天文学观测时，FAST 也可以接收到空间碎片反射的回波，所以 FAST 可以帮助探测空间碎片，为空间碎片预警提供信息，为太空飞行器的安全提供支持。

太阳的射电辐射对于 FAST 而言太强，使用目前的接收机，FAST 不能对准太阳，为了保证安全运行，需要偏离太阳至少 5°。在偏离太阳的情况下，太阳的射电辐射仍然可以被 FAST 的旁瓣接收到。如果太阳有爆发，那么 FAST 接收到的噪声会增强。一方面，FAST 观测有可能探测到太阳的爆发，为空间天气预报提供信息；另一方面，在进行雷达天文观测时，FAST 也可以探测到电离层的回波。电离层的变化可以为空间天气预报提供信息。

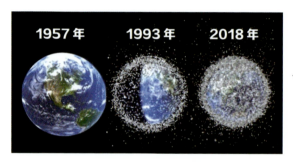

空间碎片随时间的增长

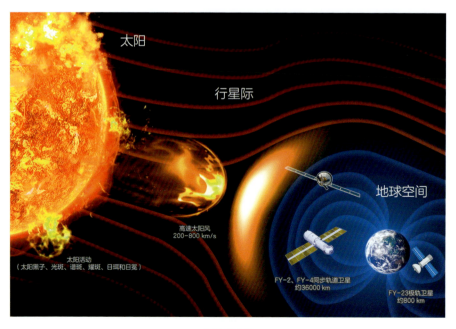

太阳爆发

后 记

　　《中国天眼 101 个为什么》经历了 3 年多的精心酝酿和撰写，终于付梓。在这漫长的过程中，我们力求做到尽善尽美，用科学的语言、准确的数字以及生动易懂的图文结合来阐述每一个问题，希望能为读者呈现完美答案。衷心感谢编委会的每一位作者，他们以精益求精的精神，将这本书雕琢得更加完美。

　　这本书的问世，其实经历了几个阶段。首先由编委会的每一位作者单独提出与天文、中国天眼相关的"为什么"，这些疑问如同繁星般散落和闪烁在思考之中。然后，与贵州平塘问天旅游发展有限责任公司紧密合作，将这些问题与研学、参访接待中的实际疑问相结合，归类并凝练出更具深度的 126 个备选"为什么"。最后，根据本书的主题、重要性和已有的资料，经过编委会的慎重讨论，我们最终确定了 101 个"为什么"，并分工撰写。在这个过程中，某些"为什么"经过反复推敲和修订，几经周折，才得以最终确定下来。

　　在此，特别感谢贵州科技出版社将《中国天眼 101 个为什么》列为"天眼科普"书系的重点选题，并给予了极大的支持和鼓励。同时，也要感谢贵州平塘问天旅游发展有限责任公司对本书的撰写和出版给予了无私的帮助和大力的支持。此外，衷心感谢编委会全体作者的努力和付出，尤其是钱磊博士和潘之辰博士，他们的坚持和毅力使得本书得以顺利问世。

尽管编委会成员都是中国天眼建设和运行的参与者，但在面对如此繁多的"为什么"时，他们的学识仍然显得有限。书中的每一个"为什么"都是经过精心挑选和深入探讨的，但由于篇幅和内容的限制，无法对每一个问题都进行详尽的解释和分析。因此，书中难免会有疏漏和不足之处，敬请读者批评指正。

最后，附上中国天眼天文小镇导览图（附录Ⅲ），以供参考。

朱博勤

2024 年 3 月